北洋设计文库

北洋匠心

天津大学建筑学院校友作品集 第二辑

1991—1998级 天津大学建筑学院 编著

天津大学出版社
TIANJIN UNIVERSITY PRESS

北洋匠心

天津大学建筑学院校友作品集 第二辑

1991—1998 级 天津大学建筑学院 编著

天津大学出版社
TIANJIN UNIVERSITY PRESS

北洋大學堂
1895-1995

彭一刚院士手稿

序
PREFACE

在 21 世纪之初，西南交通大学召开了一次"建筑学专业指导委员会"会议，我以顾问的身份应邀出席了这次会议。与以往大不相同的是，与会的人员几乎都是陌生的年轻人，那么老人呢？不言而喻，他们均相继退出了教学岗位。作为顾问，在即兴的发言中我提到了新旧交替相当于重新"洗牌"。现在，无论老校、新校，大家都站在同一条起跑线上。老校不能故步自封，新校也不要妄自菲薄，只要解放思想并做出努力，都可能引领建筑教育迈上一个新的台阶。

天津大学，应当归于老校的行列。该校建筑系的学生在各种建筑设计竞赛中频频获奖，其中有的人已成为设计大师，甚至院士。总之天津大学建筑学的教学质量还是被大家认同的，究其原因不外有二：一是秉承徐中先生的教学思想，注重对学生基本功的训练；二是建筑设计课的任教老师心无旁骛，把全部心思都扑在教学上。于今，这两方面的情况都发生了很大变化，不得不令人担忧的是，作为老校的天津大学的建筑院系，是否还能保持原先的优势，继续为国家培养出高质量、高水平的建筑设计人才。

天津大学的建筑教育发展至今已有 80 年的历史。2017 年 10 月，天津大学建筑学院举办了各种庆典活动，庆祝天津大学建筑教育 80 周年华诞。在这之前，我们思考拿什么来向这种庆典活动献礼呢？建筑学院的领导与校友会商定，继续出版一套天津大学建筑学院毕业学生的建筑设计作品集《北洋匠心》系列，时间范围自 1977 年恢复高考至 21 世纪之初，从每届毕业生中挑出若干人，由他们自己提供具有代表性的若干项目，然后汇集成册，借此，向社会汇报天津大学建筑教育发展至今的教学和培养人才的成果。

对于校友们的成果，作为天津大学建筑学院教师团队成员之一的我不便置评，但希望读者不吝批评指正，为学院今后的教学改革提供参考，是为序。

中国科学院院士
天津大学建筑学院名誉院长
2017 年 12 月

彭一刚院士手稿

前言

FOREWORD

　　2017 年 10 月 21 日，天津大学建筑教育迎来了 80 周年华诞纪念日。自 2017 年 6 月，学院即启动了"承前志·启后新"迎接 80 周年华诞院庆系列纪念活动，回顾历史，传递梦想，延续传统，开创未来，获得了各界校友的广泛关注和支持。

　　值 80 周年华诞之际，天津大学建筑学院在北京、上海、深圳、西安、石家庄、杭州、成都、沈阳等地组织了多场校友活动，希冀其成为校友间沟通和交流的纽带，增进学院与校友的联系与合作；并由天津大学建筑学院、天津大学建筑学院校友会、天津大学出版社、乙未文化共同策划出版《北洋匠心——天津大学建筑学院校友作品集》（第二辑），力求全面梳理建筑学院校友作品，将北洋建筑人近年来的工作成果向母校、向社会做一个整体的展示和汇报。

　　天津大学建筑学院的办学历史可上溯至 1937 年创建的天津工商学院建筑系。学院创办至今的 80 年来，培养出一代代卓越的建筑英才，他们中的许多人作为当代中国建筑界的中坚力量甚至领军人物，为中国城乡建设挥洒汗水、默默耕耘。北洋建筑人始终秉承着"实事求是"的校训，以精湛过硬的职业技法、精益求精的工作态度以及服务社会、引领社会的责任心，创作了大量优秀的建筑作品，为母校赢得了众多荣誉。从 2008 年奥运会的主场馆鸟巢、水立方、奥林匹克公园，到天津大学北洋园校区的教学楼、图书馆，每个工程背后均有北洋建筑人辛勤工作的身影。校友们执业多年仍心系母校，以设立奖学金、助学金、学术基金，赞助学生设计竞赛和实物捐助等形式反哺母校，通过院企合作助力建筑学院的发展，促进产、学、研、用结合，加速科技成果转化，为学院教学改革和持续创新搭建起一个良好的平台。

　　《北洋匠心——天津大学建筑学院校友作品集》（第二辑）自 2017 年 7 月面向全体建筑学院毕业校友公开征集稿件以来，得到各地校友分会及校友们的大力支持和积极参与，编辑组陆续收到 130 余位校友其计 339 个项目的稿件。2017 年 9 月召开的编委会上，中国科学院院士、天津大学建筑学院名誉院长彭一刚，天津大学建筑学院院长张颀，全国工程勘察设计大师、中国建筑设计研究院有限公司总建筑师李兴钢，天津大学建筑学院建筑系主任荆子洋对投稿项目进行了现场评审；同时，中国工程院院士、国家勘察设计大师、中国建筑设计院有限公司名誉院长、总建筑师崔恺，全国工程勘察设计大师、天津大学建筑学院教授、华汇工程建筑设计有限公司总建筑师周恺对本书的出版也给予了大力支持。各位评审对本书的出版宗旨、编辑原则、稿件选用提出了明确的指导意见，对应征稿件进行了全面的梳理和认真的评议。本书最终收录均为校友主创、主持并竣工的代表性项目，希望能为建筑同人提供有益经验。

　　近百年风风雨雨，不变的是天大建筑人对母校的深情大爱，不变的是天大建筑人对母校一以贯之的感恩反哺。在此，衷心感谢各地校友会、校友单位和各位校友对本书出版工作的鼎力支持，对于书中可能存在的不足和疏漏，也恳请各位专家、学者及读者批评指正。

天津大学建筑学院院长

天津大学建筑学院校友会会长

2017 年 12 月

目录
CONTENTS

肖 诚 1991 级

深圳华汇设计有限公司 董事长、首席建筑师
国家一级注册建筑师
高级建筑师

1996 年毕业于天津大学建筑系，获工学学士学位
1999 年毕业于天津大学建筑学院，获建筑学硕士学位
2011 年毕业于中欧国际工商学院，获高级工商管理硕士学位

1999—2002 年任职于北京建筑设计研究院深圳院
2002—2003 年任职于深圳万科房地产有限公司
2003 年至今任职于深圳华汇设计有限公司

个人荣誉
全国优秀工程勘察设计行业奖优秀建筑工程设计二等奖（2017）
中国建筑学会建筑创作银奖 三项（2016）
德国柏林 20 世纪博物馆以及周边城市整合设计竞赛全球十强（2016）
第九届亚太设计师联盟 IAI 最佳设计大奖（2015）
世界华人建筑师协会金奖（2011）
全球华人青年建筑师奖（2007）
第七届中国建筑学会青年建筑师奖（2008）
亚洲建协建筑金奖（2009）

代表项目
深圳万科前海特区馆 / 深圳万科前海企业公馆 / 华侨大学厦门工学院 / 武汉茂园 /
杭州湾信息港 / 佛山南海万科广场 / 南海天安中心 / 广州万科蓝山 / 深圳万科金域
华府 / 深圳华侨城香山美墅 / 深圳西丽留仙洞总部基地一街坊 / 深圳湾超级城市

合肥北城中央公园文化艺术中心

设计单位：深圳华汇设计有限公司
业主单位：合肥万科置业有限公司、苏州高新地产集团有限公司

设计团队：肖诚、印实博、何啟帆、毛伟伟
项目地点：安徽省合肥市
场地面积：9 000 ㎡
建筑面积：3 400 ㎡
设计时间：2016 年
竣工时间：2017 年
摄影：姚力、隋思聪

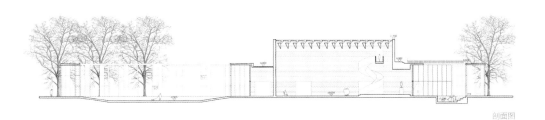

剖面图

该项目是建筑规模近 100 万平方米的北城中央公园居住区文化教育配套的一部分，在前期兼具项目展示中心的功能，后期则作为图书馆和儿童教育营地使用。基地是一个东西长约 260 米、南北宽约 70 米的矩形场地。基地南面则是占地面积近 4 万平方米的城市公园，中央公园项目由此得名。

在空旷的土地上描绘繁华的愿景，几乎成为当下大型项目展示区的共同使命。在中央公园项目这样的场地上，设计面临的挑战一方面是如何形成一个鲜明而有力的城市界面，从而与尺度巨大的城市公园相呼应，共同创造一种先声夺人的展示性；另一方面则是如何创造一个具有独特体验的场所，以激发人们探索和参与的意愿。得益于项目未来的文化教育功能，设计师首先赋予它一种既开放又具文化内涵的场所特质，进而在此基调之上演绎功能，组织叙事。

回顾中国传统的建筑和园林空间，院落是构成场所特质最强的空间形态之一，它几乎构成了中国传统建筑空间的核心特征，而界定院落的建筑界面则是墙和廊。这两者也使得院落具有了不同的空间特色：一个围合，一个渗透；一个封闭，一个开放。前者多见于街墙和宅邸，后者多见于园林与阔院，而两者又往往结合使用，让院落空间具有了更好的多样性与故事性。

本设计为界定院落空间尝试创造一种新的建筑原型，最终在墙和廊之间找到了结合点——它刚好是由短墙构成的廊，伴随不同的形态和模数的组合，形成多样化的院落空间界定方式，同时构成多种意义的场所体验。而所谓的"多义性边界"也由此形成。它的形态如同从建筑的墙体之中游离出来，意在融于室外场所之中。"墙廊"有一个统一的整体尺度——6米高，4米宽，它界定了整个场地的边界，同时创造了一个特殊的"回环景域"。当边界有了可以进入的厚度，日常生活、艺术活动也就有了空间的载体。这里可以是小朋友放学后捉迷藏的乐园，也可以是社区文化艺术展廊。

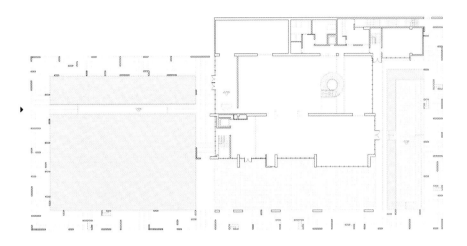

首层平面图

深圳湾超级总部基地城市展厅

设计单位：深圳华汇设计有限公司
业主单位：万科集团

设计团队：肖诚、印实博、毛伟伟
项目地点：广东省深圳市
建筑面积：2 000 ㎡
设计时间：2015—2016 年
竣工时间：2015—2016 年

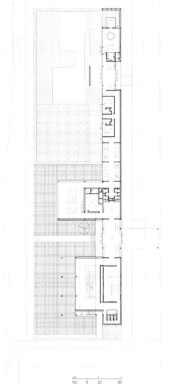

深圳湾超级总部基地为由滨海大道、深湾一路、深湾五路、白石三道、白石路所围合的近117.40公顷的区域，建设规模总量达到450万～550万平方米。项目功能以总部办公、高端商务配套及部分文化设施为主，是湾区又一片拔地而起的新城市空间，也是深圳着力打造的世界级城市中心。

首层平面图

场地南北狭长，西临城市道路。本设计制订了一个基本框架，即将用地沿南北方向一分为二，将西侧约三分之二的区域设计为由浅水池、草地和碎石形成的城市景观，人们可以在此嬉戏和小憩。东侧则是建筑主体和内部道路，建筑采用带形集中的方式，形成界面而非实体的外部感受，使得基地环境表现出一种介于当前和未来的模糊状态，从心理层面为城市空间变化留出了合理的预期，建成的景观也为将来的改造提供一个可持续利用的基础。

界面材料选择了漫反射超白 U 形玻璃，在不同天气下和一天中不同的时间段能产生细微的变化。地面水景亦是如此，在不同的光环境中，对建筑、天空、树木形成不同程度的反射、折射和透射效果，构成一种随自然变幻的图景。

天津融创天拖五号厂房改造设计

设计单位：深圳华汇设计有限公司
业主单位：天津融创集团

设计团队：肖诚、廖国威、李志兴、朱琳
项目地点：天津市
场地面积：13 800 ㎡
建筑面积：14 900 ㎡
设计时间：2015 年
竣工时间：2017 年

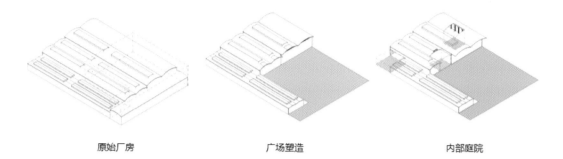

原始厂房　　　　　　　　广场塑造　　　　　　　　内部庭院

天津天拖机修车间位于南开区城市主干道红旗路西侧，区内主要现状厂房保存良好；厂区内部绿树成荫，现状道路保存完整，地面基本无大的高程变化。设计方通过功能、尺度、氛围三大转换来实现对机修车间在空间形态上的重构，从而打造南开区新的商业、文化中心——集时尚消费、科贸创意、生态宜居为一体，体现天津工业历史风貌的区域中心。

经过设计工作坊多轮协商，最终选定早期开发的五号厂房进行深化设计。设计方合理保留、尽量利用现有的厂房结构，选择性地保留、改建有价值的厂房空间，使其能与新的功能交融并进。天拖厂区尺度巨大，连续界面最长达三百余米。商业空间要求亲切的尺度、灵活的展示面，因此设计方采取化整为零的方式，化大为小，化均质为特质，尽量减少大进深空间，打破内外空间的界限，提升内部空间的可达性。

重庆天地艺术馆

设计单位：深圳华汇设计有限公司
业主单位：重庆万科置业有限公司

设计团队：肖诚、印实博、何启帆、毛伟伟、
徐牧、赵婷婷
项目地点：安徽省合肥市
场地面积：9 000 ㎡
建筑面积：1 600 ㎡
设计时间：2016 年
竣工时间：2017 年
摄影：夏至

总平面图

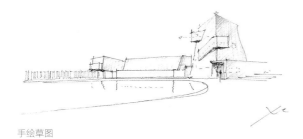

手绘草图

天地艺术馆位于嘉陵江南岸的天地湖边，再往南是渝中半岛连绵陡峭的山体，北侧则是重庆天地商业街区，西侧是正在建设的居住区，视野所见皆是极具地域特点的人文与城市山水景观片段。天地艺术馆包括艺术陈列与展示馆、万科品牌与项目体验馆和咖啡厅三个主要部分。

对设计师而言，首要问题是新的空间建造以什么样的姿态嵌入这里，一个充满复杂性的城市自然片段成为空间景观的一部分，同时也让内部的空间体验与周遭形成对话，成为拾取片段的容器，使空间本身从感官上退却成为体验风景的媒介。

用地随湖岸呈带状，较为狭长，建筑整体上顺应地形布局，并基于不同的功能切分为三个体量，通过过厅被联系起来，两个体量与过厅之间同时形成了两个半围合的院子，一个与水池相连，形成内向型下沉庭院，一个与广场相连，可以满足公园人群的小型集会活动。

张大昕 1991 级

天津大学建筑设计规划研究总院 副总建筑师、设计五院院长
国家一级注册建筑师、注册规划师
高级工程师

1996 年毕业于天津大学建筑系，获工学学士学位
2004 年毕业于天津大学建筑学院，获工学硕士学位

1996 年至今任职于天津大学建筑设计规划研究总院

代表项目
天津工业大学行政中心 / 天津大学北洋园校区化工教学组团

获奖项目
1. 天津大学机械教学组团："海河杯"天津市优秀勘察设计奖一等奖（2016）
2. 北京语言大学综合楼："海河杯"天津市优秀勘察设计奖二等奖（2016）
3. 吉林教育学院综合楼：教育部优秀工程勘察设计奖三等奖（2015）
4. 天津大学滨海工业研究院一期工程："海河杯"天津市优秀勘察设计奖三等奖（2013）
5. 铁岭师范大学新校区图书馆及教学楼组团：教育部优秀工程勘察设计奖三等奖（2013）
6. 天津空港物流加工区司法中心："海河杯"天津市优秀勘察设计奖三等奖（2009）

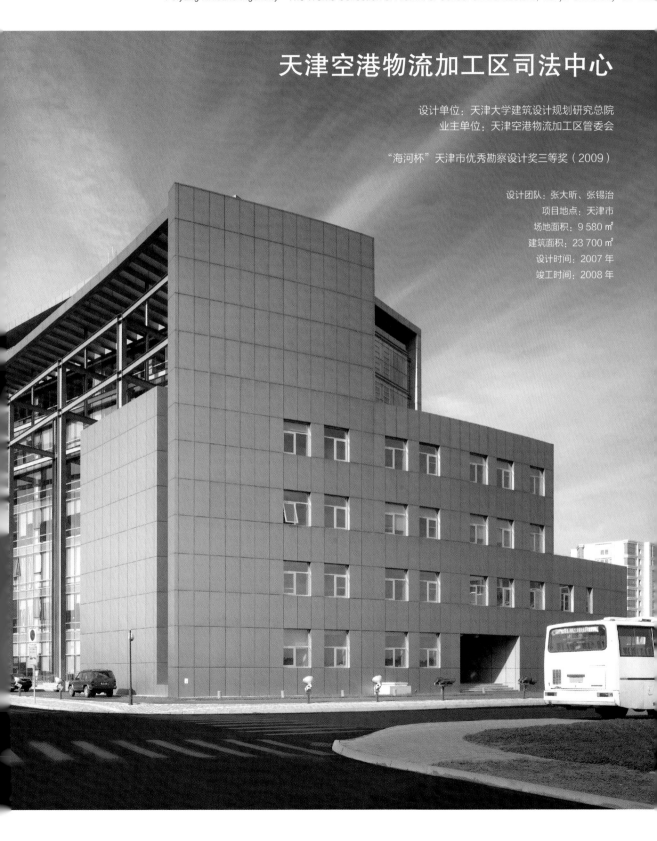

天津空港物流加工区司法中心

设计单位：天津大学建筑设计规划研究总院
业主单位：天津空港物流加工区管委会

"海河杯"天津市优秀勘察设计奖三等奖（2009）

设计团队：张大昕、张锡治
项目地点：天津市
场地面积：9 580 ㎡
建筑面积：23 700 ㎡
设计时间：2007 年
竣工时间：2008 年

首层平面图

本设计从城市空间出发，与周边规划建筑相呼应，风格统一，构成方式一致，增强了城市空间特征的整体性；以金属与玻璃幕墙为主材，点缀以突显钢结构形式的外露钢柱及金属木质格栅百叶，使建筑体现庄重、典雅的艺术表现力和鲜明的时代特征。

天津大学滨海工业研究院

设计单位：天津大学建筑设计规划研究总院
业主单位：天津大学

"海河杯"天津市优秀勘察设计奖三等奖（2013）

设计团队：张大昕、王光男、柏新予
项目地点：天津市
场地面积：58 800 ㎡
建筑面积：56 800 ㎡
设计时间：2009 年
竣工时间：2011 年

天津大学滨海工业研究院中心区一期工程设计的总体概念是将中心区建筑打造成整个园区内标志性建筑群，在整体规划中起到统领发展的作用。设计方案通过合理的功能分区、便捷的交通系统、优美的绿化配置以及整合的建筑院落，力求体现现代化、超前化、人性化、科学化的主导思想，表现办公文化的精髓和本质。

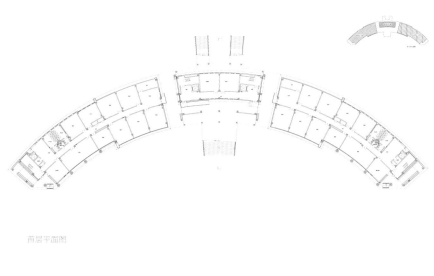

首层平面图

吉林教育学院综合楼

设计单位：天津大学建筑设计规划研究总院
业主单位：吉林教育学院

教育部优秀工程勘察设计奖三等奖（2015）

设计团队：张大昕、王建午、王庆东
项目地点：吉林省长春市
场地面积：15 200 ㎡
建筑面积：21 600 ㎡
设计时间：2013 年
竣工时间：2014 年

基于"校园文化中心"的功能定位，设计在建筑造型方面力求体现沉稳质朴的气质；借鉴中国传统篆刻印章图样，运用简洁现代的雕塑手法，通过规整的形式、强烈的虚实对比、丰富的空间层次以及面砖、石材、玻璃、铝板等材料的配置，赋予建筑丰厚的文化意蕴。

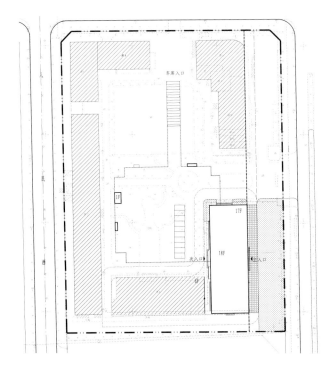

总平面图

那日斯 1992 级

天津市博风建筑工程设计有限公司 总裁、首席设计师

1995 年毕业于天津大学建筑系，获建筑学硕士学位

1995—2000 年任职于天津高等院校建筑设计院
2001 年至今任职于天津市博风建筑工程设计有限公司

代表项目
北塘古镇 / 棉三创意产业园区

获奖项目
1. 海河教育园区商务学院：天津市优秀设计一等奖（2016）
2. 民园体育场提升改造：金拱奖建筑设计金奖（2015）
3. 新八大里地区城市设计：全国优秀城乡规划设计奖二等奖（2015）
4. 北塘古镇：世界华人建筑师协会优秀设计奖（2014）
5. 华明镇示范小镇：中国土木工程詹天佑奖（2010）/ 世界人居奖（2010）

民园体育场保护利用提升改造工程

设计单位：天津市博风建筑工程设计有限公司
业主单位：天津五大道文化旅游发展有限责任公司

设计团队：那日斯、袁大洪、高博、罗殊月、
郝哲、苏小萌、邵允
项目地点：天津市
场地面积：33 000 ㎡
建筑面积：72 000 ㎡
设计时间：2012 年
竣工时间：2014 年

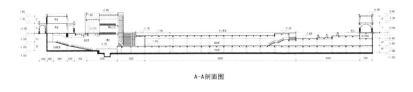

A-A剖面图

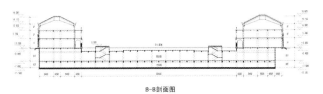

B-B剖面图

剖面图

民园体育场所处的五大道地区是天津最亮丽的城市名片之一。五大道在历史上是英租界的高级居住区，是天津目前保护最为完整的历史街区，一直保持着原有的空间形态和风貌特征，是天津总体规划确定的 14 个历史文化风貌区之一。民园体育场初建于 1926 年，它是英租界为在中国的英国公民设立的，故称为"民园"，直至 2012 年拆除，已有 86 年的历史。建成之初，民园曾是当时亚洲最好的体育场之一，也是我国最早的体育场之一，具有极强的历史文化价值。在天津人心中，"民园"不仅是一座体育场，更是一段回忆，一种情结。

天津棉三创意综合体项目

设计单位：天津市博风建筑工程设计有限公司
业主单位：天津市新岸创意产业投资有限公司

设计团队：那日斯、赵晓明、袁大洪、郑剑平、郝哲、
吴金辉、张宇昕、高博、王立鑫
项目地点：天津市
场地面积：30 920 ㎡
建筑面积：161 900 ㎡
设计时间：2012 年
竣工时间：2014 年

天津是中国北方国际航运中心、国际港口城市和生态城市，同时也是具有悠久历史和文化底蕴的城市，在中国近代工业史上具有举足轻重的地位。天津近代纺织业则是天津近代工业的骄傲。但如今市区内仍留存的棉纺厂工业遗址仅有津棉三厂旧址。

总平面图

天津北塘古镇核心区

设计单位：天津市博风建筑工程设计有限公司
业主单位：天津海泰凤凰城置业有限公司

设计团队：那日斯、赵晓明、袁大洪、郝哲、吴金辉、
郑剑平、高博、寇雪茜、王莹
项目地点：天津市
场地面积：95 700 ㎡
建筑面积：76 340 ㎡
设计时间：2010 年
竣工时间：2013 年

总平面图

该项目位于天津市滨海新区。北塘古镇原是位于北塘入海口处的小渔村，随着时间的推移，镇子逐渐没落，房屋以平房为主，且破旧不堪。通过对北塘历史的考察以及对当地文脉的探索与研究，设计方希望能够通过有机的设计来恢复小镇昔日的风貌，并且配合新兴的旅游项目使小镇重新聚拢人气。设计的出发点是小镇的古树，以古树为设计的起点，在拆除老旧破败房屋的同时将古树保留作为小镇的记忆，所有新规划的住宅及旅游项目都围绕其展开，新房子与老树能够有机融合并产生对话。

项目在户型设计上有两个出发点：一是希望每户都能有一个院子，二是户型与户型间可拼接、可衍生。在这两个条件下，设计方共设计了4种户型，保证了每户都能有一个独立的院子，都能享受到一份属于自己的恬静与舒适。每一户对于整个小镇来说都是一个细胞，细胞与细胞间可以相互拼接衍生形成多种可能性，多个细胞组合就可以形成院落，多个院落又可以形成组团，看似无机的组合中透着有机的秩序。通过这种绿色的、生长的方式，北塘古镇得以重新焕发活力。

程 虎 1993 级

上海日清建筑设计有限公司 合伙人
上海日源建筑设计事务所 副总建筑师
国家一级注册建筑师

1998 年毕业于天津大学建筑学院，获建筑学学士学位

1998—2000 年任职于上海中房建筑设计院
2000—2004 年任职于上海建筑设计院
2004 至今任职于上海日清建筑设计有限公司、上海日源建筑设计事务所

代表项目

重庆龙湖郦江 / 重庆龙湖花漫庭 / 重庆龙湖 U 城 / 南京金地湖城意境 / 南京朗诗玲珑屿 / 南京朗诗钟山绿郡 / 南京保利朗诗蔚蓝 / 苏州九龙仓碧堤半岛 / 苏州相城区规划展示馆 / 武警上海总队办公大楼 / 上海中海海悦花园 / 上海嘉宝紫提湾 / 上海朗诗未来街区 / 杭州朗诗乐府 / 杭州朗诗良渚美丽洲 / 宁波金地风华大境 / 宁波金地风华东方 / 宁波金地国际公馆

苏州市相城区规划展示馆

设计单位：上海日清建筑设计有限公司
业主单位：新城地产

设计团队：程虎、孔德针
项目地点：江苏省苏州市
场地面积：68 000 ㎡
建筑面积：6 030 ㎡
设计时间：2016 年
竣工时间：2017 年

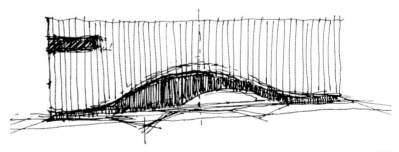

草图

简洁有力的形体是建筑设计的出发点，设计方希望这座简单纯粹的方形建筑能够为业主、政府和所有为高铁新城项目奋斗的人揭示出"信心"的深刻含义。外层幕墙由竖向构件产生飘逸、灵动的效果，寓意为"大幕拉开"。从这座建筑落成开始，整个高铁新城项目就进入一个火热的建设阶段，建筑的精神属性得以升华。

此外，项目地块周围都是平地，背后又是一条单调且尺度巨大的京沪高铁线，不是在一个城市建筑的环境内，建筑的形体把握必须整而不散，必须成为城市的节点、城市的标志性建筑，成为人们视觉的焦点。设计方把 6.8 公顷的基地作为"面"，把铁路作为"线"，把这座白色的方形建筑作为"点"，让点、线、面在这个项目里完美地组织在一起。

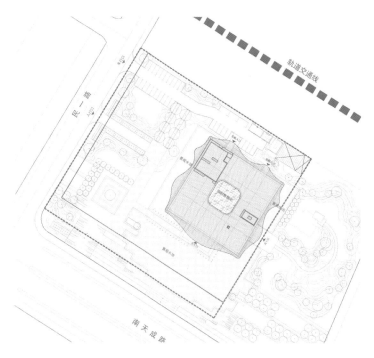

总平面图

金地·风华大境

设计单位：上海日清建筑设计有限公司
业主单位：宁波金丰房地产发展有限公司

设计团队：程虎、周嘉靓、谢世英、金晓
项目地点：浙江省宁波市
场地面积：1 600 ㎡
建筑面积：500 ㎡
设计时间：2016 年
竣工时间：2016 年

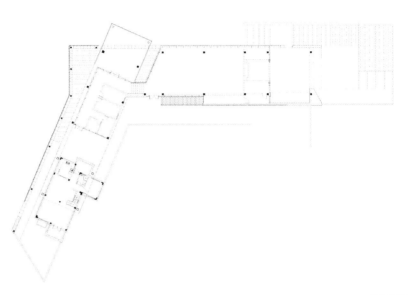

首层平面图

作为风华大境的开盘区，其秉承了金地风华系列"情致现代、意致东方"的设计理念，展现了风华系列的不断进步与创新。在设计之初，设计师就致力打造一个不一样的更有感染力的"风华"，为它寻一种语言、一种气质，使其具有令人耳目一新、过目不忘的东方韵味。它不仅含蓄内敛，具有东方建筑的气质和情怀，还善于展现东方文化的博大精深与无穷魅力。

这里不仅仅是一个销售场所，更致力打造风华大境的品牌展示中心，作为未来楼盘形象的展示窗口，其意义非凡。设计师面临的最大挑战是突破自我，力求使用现代手法对中式传统建筑进行充分演绎，努力从传统文化中提炼简洁纯粹的建筑语言、采撷美好的片段来彰显高价值的新东方美学。设计师想展现的"风华"不仅是粉墙黛瓦或是重复的装饰，更希望设计一个具有立意和灵魂的作品。宁波自古的印象就是山清水秀、人杰地灵，因此山与水便是项目设计灵感的来源。

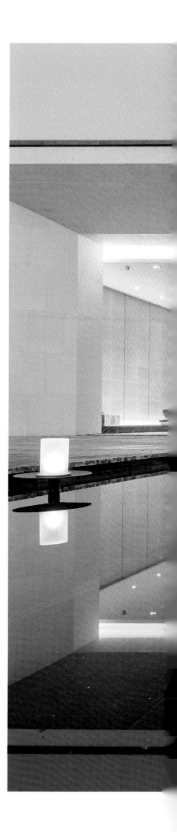

建筑主体由一层的东西向主楼和二层的南北向金属框架交错而成，通过形体的穿插及与景观的融合形成虚实相套的多层次空间。主楼功能为售楼展示中心，将实体样板房与双重园景隐匿于金属框架中，进而保持建筑主体风格的简洁统一。外部形象上，两个极简的形体有力地碰撞，构图饱满，富有张力。

建筑整体采用钢结构，立面由玻璃幕墙和干挂石材结合而成。石材选用白色花岗岩，质感细腻典雅，与石墨色的金属屋檐搭配。石材的水平分隔辅以深香槟色金属线条，让立面更增细节；通过虚、实、围、透等手法串联勾勒出建筑的空间和意境，既有中国传统的文化精髓，又运用了当代的艺术理念，相得益彰，将外在的美学价值表现形式与内在的哲学价值表现形式融为一体。其所营造的静谧、深远、空灵、禅意的氛围正是"风华"气质的由来。

郭 弩 1993 级

AUD Design Consulting Inc.（域达建筑设计咨询有限公司） 设计总裁
美国绿色建筑委员会 LEED AP 认证专业人士

1998 年毕业于天津大学建筑学院，获建筑学学士学位
2001 年毕业于天津大学建筑学院，获建筑设计及其理论硕士学位
2002 年毕业于美国加州大学洛杉矶分校（UCLA），获建筑学第二硕士学位

2002—2004 年任职于美国 Amphibion Arc Corporation
2004—2010 年任职于 RTKL Los Angeles
2010—2012 年任职于美国凯里森建筑事务所
2012 至今创办 AUD（域达建筑设计咨询有限公司）并任设计总裁

代表项目
华润重庆万象城一期 / 华润青岛万象城商业综合体 / 华润沈阳君悦酒店及商业 /
洛杉矶 LA LIVE/ 北京天文馆新馆

获奖项目
北京天文馆新馆：美国建筑师联合会设计奖（2006）

重庆万象城一期

设计单位：美国凯里森建筑事务所
业主单位：华润置地有限公司

设计团队：郭弩、钟山、Kevin Kwan、Zefko
Panzer、王婧、王虹、李杰、Peter Creck
项目地点：重庆市
场地面积：55 971 ㎡
建筑面积：330 240 ㎡
设计时间：2010—2012 年
竣工时间：2014 年

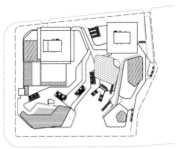

总平面图

项目基地位于重庆市九龙坡区，毗邻鹅公岩大桥及原有的杨家坪商圈，包括大型购物中心、生活时尚中心、高档办公区、五星级酒店及 SOHO 办公区和公寓等整体建构单体建筑及总体开发项目。

由于项目地点与城市轻轨二号线和规划中的轻轨六号线相接，故而将各轨道出入口与建筑整体设计相结合，为吸引和疏散城市人流提供了便捷的先决条件。同时，鉴于首期地块的定位，本方案通过连廊与其连接，构建了新的立体交通体系，既能减少人车出入对城市形象及交通的影响，又有效缓解城市交通压力。通过对重庆城市文脉的挖掘，设计方提出了"上半城，下半城"的设计概念，顺应重庆的地貌特征，综合考虑设置各种不同尺度的室内与室外空间，考虑与城市的关系，设置退台式的建筑空间、开放的花园广场和特色的主题形式商业街。

青岛万象城一期

设计单位：美国凯里森建筑事务所
业主单位：华润置地有限公司

设计团队：郭鹭、刘冬晓、任辉、陈治国、
Sian ye、姜博、Raldi、郝滨
项目地点：山东省青岛市
场地面积：58 753 ㎡
建筑面积：390 000 ㎡
设计时间：2010—2012 年
竣工时间：2015 年

总平面图

项目位于青岛市中央核心政务商务区，毗邻青岛市政府，周边聚集了众多金融、贸易企业。万象城作为该区域核心的城中之城，包括高端购物中心、甲级写字楼、五星酒店、酒店式公寓等。除去一系列精心组合的国际国内优质品牌的零售及餐饮，青岛万象城还有面积约 4 000 平方米的 SEGA 游戏中心及炫目的影院等各种休闲娱乐功能，为青岛市民带来耳目一新的消费体验。

陈奕鹏 1994 级

北京维拓时代建筑设计股份有限公司传奇设计中心 副总经理

1999 年毕业于天津大学建筑学院，获工学学士学位
2015 年毕业于中欧国际商学院，获高级管理人员工商管理硕
士（EMBA）学位

1999—2004 年任职于建设部设计研究院
2004 至今任职于北京维拓时代建筑设计股份有限公司

获奖项目
1. 路劲世界城：科技部精瑞科学技术奖（2012 年）
2. 万通怀柔新新小镇：建设部绿色三星标准（2010 年）/
LEED 白金认证 (2013)
3. 天鸿田园新城：建设部绿色宜居楼盘奖（2008 年）
4. 中体奥林匹克花园：北京市优秀居住建筑奖（2006 年）
5. 国家公务员住宅：建设部银奖（2005 年）

葫芦岛体育中心

设计单位：传奇设计中心
业主单位：葫芦岛市龙湾中心区区政府

设计团队：陈奕鹏、蒋迎、郭建伟
项目地点：辽宁省葫芦岛市
场地面积：127 800 ㎡
建筑面积：98 266 ㎡
设计时间：2009 年
竣工时间：2013 年

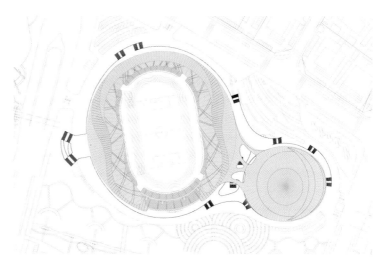

总平面图

葫芦岛市龙湾中央商务核心区（龙眼岛）体育中心工程包括体育场、体育馆、游泳馆三部分。体育中心柔和的曲线和体育刚强活跃的力量相结合，成为与自然、城市共存的"刚与柔"，成为葫芦岛市新区的地标性建筑。项目的定位为城市型体育中心，采用了紧凑型的总体布局方式。体育场位于基地西侧中心，体育馆位于东侧，两者由公共平台相连为一个整体，连同最东侧的游泳馆，形成整体形象为"葫芦"的造型。游泳馆采用贝壳、波浪、水滴的形象化设计方案，结合钢架结构和拉索系统，强调其结构美。体育场的场地除满足田径及足球赛事外，还可以满足各种大型演出的使用需求。葫芦岛综合赛场的葫芦形态象征着运动感，成为了葫芦岛的新标志。

陈治国 1994 级

CallisonRTKL 资深副总监
国家一级注册建筑师
美国绿色设计协会认证设计师（LEED AP）

1999 年毕业于天津大学建筑学院，获城市规划专业学士学位
2002 年毕业于天津大学建筑学院，获建筑设计及其理论专业硕士学位
2009 年毕业于美国俄亥俄州立大学，获景观建筑学硕士学位

2003—2006 年，2009—2011 年任职于上海建筑设计研究院
2011 年至今任职于 CallisonRTKL（楷亚锐衡设计规划咨询有限公司）

代表项目
南京景枫商业中心 KingMo/ 海口海甸岛广物滨海中心三期 / 温州鞋都总
部经济园 / 绿地长沙湖湘中心

获奖项目
1. 华润青岛万象城：中购联中国购物中心之设计创新奖（2014）/
MIPIM 亚洲地产大奖之最佳商业开发奖铜奖（2015）/ ICSC 中国购物
中心大奖之新开发项目银奖（2016）/ 中国房地产协会广厦奖（2016）
2. 沈阳浑河北岸城市设计：美国景观建筑师协会（ASLA）俄亥俄分会
荣誉奖（2008）
3. 美国达拉斯 CEDARS 区城市设计：美国 ULI 城市设计竞赛哥伦布
地区提案第一名（2008）
4. 上海黄浦区人大政协办公楼：上海市优秀工程设计三等奖（2009）

青岛万象城

设计单位：CallisonRTKL

业主单位：华润置地

中购联中国购物中心之设计创新奖（2014）、MIPIM 亚洲地产大奖
之最佳商业开发奖铜奖（2015）、ICSC 中国购物中心大奖之新开
发项目银奖（2016）、中国房地产协会广厦奖（2016）

设计团队：郭弩、陈治国、刘东晓、Sian Ye、任晖、Peteris Ratas、Raldi
Formantes、姜博、钟山、孙超、周舟尼、凌霜、李若璇、谭卉、Ling-Yi
Chen、Beatrice Tang、John Cheng、Kenneth Pai、姜超、朱峰等

项目地点：山东省青岛市

场地面积：53 292 ㎡

建筑面积：517 970 ㎡

设计时间：2010 年

竣工时间：2015 年

摄影：胡艺怀

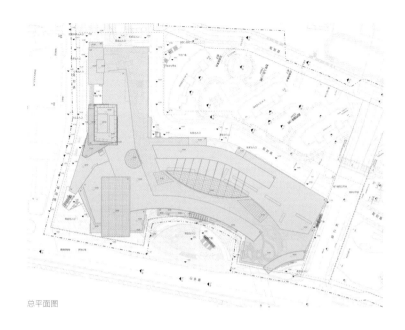

总平面图

青岛万象城商业部分建筑面积约 27 万平方米,9 层垂直商业空间,规划停车位 3 500 个,是目前全国规模最大、店铺数量最多、业态品类最齐全的万象城。项目结合复杂的地形,采用多首层的设计,充分提升购物中心各个楼层的商业价值。

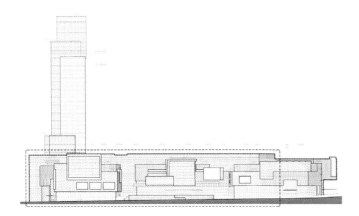

东立面图

购物中心的商业规划采用经典的单动线设计，最大程度上避免商业死角；曲线形的室内动线有节奏地穿插尺度不一、个性鲜明的若干室内公共"广场"空间，并设置室内及屋顶绿化，时而内聚、时而开阔、时而通透，室内室外交流呼应，使顾客能够更好地在纷繁多变、自然舒适的环境中体验高档购物的愉悦。建筑设计的概念以"黄墙红瓦""碧海蓝天"作为城市传统文化表现的切入点，建筑形体交叠错落、气势庞大、交相辉映，与城市空间环境有机融合、相得益彰。立面采用米黄色花岗岩、砖红色陶板和玻璃幕墙进行组合搭配，分别象征着青岛旧城中传统的地景元素，即黄墙、红瓦和碧海蓝天。设计师希望运用这种强烈的虚实对比的现代手法和幕墙材料，来表现青岛典型的传统城市建筑特征。

南京景枫商业中心 KingMo

设计单位：CallisonRTKL
业主单位：江苏景枫置业投资有限公司

设计团队：陈治国、马延、周丹尼、李若璇、Ling-Yi
Chen、Beatrice Tang、景宏、Ki Kim、Kayla Lee、
宋泽颖、钟山、王虹等
项目地点：江苏省南京市
场地面积：42 058 ㎡
建筑面积：363 675 ㎡
设计时间：2012—2016 年
竣工时间：2017 年
摄影：张连兴

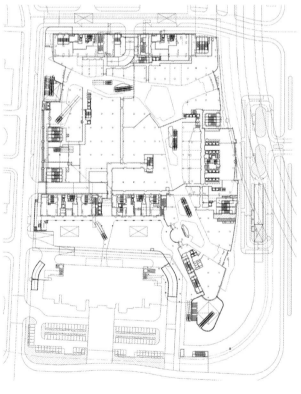

总平面图

景枫综合商业中心位于南京市江宁区，作为现代城市生活的
缩影，其住商兼具，生活、办公、购物、休闲、娱乐功能皆
备的设计，建筑主体裙房地上四层，局部五层，160 米甲级办
公塔楼一 栋，住宅塔楼四栋。景枫综合商业中心将成为该地
区城市和经济可持续发展的全方位地标性综合项目。

购物中心建筑主体四层，局部五层。一、二层以精品店为主，三、四层以家庭休闲、娱乐、餐饮为主，五层为屋顶花园和特色餐饮，地下一层配有精品超市、精品店与餐饮等。抬至裙房屋顶的空中花园，在如此高密度的建设区域给公众提供自然愉悦的室外休闲体验，以及极具景观和休闲价值的绿化和活动空间，可一览百家湖湖景。

购物中心的立面设计吸取中国古典折扇的层层展开的意象，在建筑的主要立面运用石材和金属板错落布置，形成折叠韵律，并通过丰富的细部处理表现建筑的时尚感，以石材为基底，在入口处则采用幕墙与金属带出大气和现代感。而西边面向百家湖的部分则柔化地以退台及石材处理，在利用与享受百家湖自然风景之余，同时表现出一份休闲、慢活的生活姿态。

宫 媛 1994 级

天津市城市规划设计研究院规划一所 副所长

1999 年毕业于天津大学建筑学院，获工学学士学位
2004 年毕业于天津大学建筑学院，获工学硕士学位
2010 年毕业于天津大学建筑学院，获工学博士学位

2004 年至今任职于天津市城市规划设计研究院

代表项目
天津市地下空间规划 / 天津示范工业区规划 / 天津示范小城镇规划 / 天津新家园
保障房规划 / 宁夏回族自治区银川都市区规划

获奖项目
1. 中新天津生态城总体规划：全国优秀城乡规划设计奖一等奖（2009）
2. 天津子牙循环经济产业区总体规划：全国优秀城乡规划设计奖二等奖（2011）
3. 面向国际化文化大都市建设的城市文化设施布局规划研究：天津市优秀城乡
规划设计奖一等奖（2015）
4. 天津市人民防空工程规划：天津市优秀城乡规划设计奖一等奖（2017）

天津双青新家园规划

设计单位：天津市城市规划设计研究院
业主单位：天津市规划局北辰区规划分局

设计团队：石文华、肖煜、孙骅、赵光、宫媛、边庆良、宋金全、徐婧、
王华新、尤坤、郑兆唯、王成欣、张晶、韩宇、金伟
项目地点：天津市
项目规模：3 400 000 ㎡
设计时间：2009—2012 年

本次规划创新性地实现"两河一谷"的生态优先设计，整合基地内部的现有水渠与周边用地，
规划一条生态谷，将现有河道贯通起来，形成连接区域生态系统的循环水系。设计采用绿
色交通引导的空间发展模式，充分利用南北两条轨道交通的优势条件，通过设置环形接驳
公交系统，实现轨道交通与保障房社区的无缝衔接，构建新家园与周边地区较高可达性的
综合交通服务体系。建筑总体布局采用风环境模拟技术支撑，调整了东南与西南方向的建
筑形式，优化了社区内风场微气候，创造出舒适、宜人的居住生活环境。

汉沽大神堂渔盐风情村规划

设计单位：天津市城市规划设计研究院
业主单位：天津市滨海新区规划和国土资源管理局

设计团队：师武军、肖煜、宫媛、赵光、徐婧、刘维、王华新
项目地点：天津市
规划面积：1 200 000 ㎡
设计时间：2012—2015 年

设计方将"传承天津渔家文化，留住滨海乡土思愁"作为大神堂规划设计的核心理念。项目组通过实地走访、意见征集等方式对全村 2 000 多位村民的未来生活意向进行了调查，并就文化传承、就业环境、创业成本、民计民生设施、村庄收益等方面，通过访谈、汇报等多种方式多次征求各方意见，力求满足政府、村民多方面的利益与诉求，并最终达成共识。

以人为核心的城镇化才有生命，规划以传承"神堂"独特的渔家文化为核心，保护挖掘非物质文化遗产，重新凝聚大神堂的空间特色，旨在找回属于天津滨海的独特的渔文化体验，塑造具有历史记忆、地域特色的北方传统美丽渔村；利用乡土材料，留住地道的渔家味道，同时活化传统情境，再现百舸争流之画卷。

舒 平 1994 级

河北工业大学建筑与艺术设计学院 院长、教授、博士生导师
美国弗吉尼亚大学访问学者
中国建筑学会会员
中国建筑学会建筑教育评估分会理事
天津市城市规划学会常务理事
天津市建筑学会绿色建筑专业委员会常务委员
天津市规划协会建筑文化遗产保护专业委员会副主任
《城市·环境·设计》杂志编委

1996 年毕业于天津大学建筑学院，获工学硕士学位
2001 年毕业于天津大学建筑学院，获工学博士学位

1991 年至今任职于河北工业大学建筑与艺术设计学院

代表项目
河北南和县县城总体城市设计

获奖项目
1. 天津市红桥区静安里清真寺："海河杯"天津市优秀勘察设计奖建筑工程类三等奖（2010）
2. 包头水岸花都住宅小区方案设计：全国人居经典建筑规划设计方案竞赛规划金奖（2012）
3. 天津滨海置地洞庭路住宅小区项目：全国人居经典建筑规划设计方案竞赛综合大奖（2012）
4. 河北工业大学生物辐照实验中心：天津市"海河杯"BIM 设计应用三等奖（2015）

邢台百泉大道城市设计

设计单位：天津大学城市规划设计研究总院
业主单位：河北省邢台市规划局

设计团队：舒平、汪丽君、徐军、王哲、
李和勇、刘荣伶、卢杉、刘振垚
项目地点：河北省邢台市
项目规模：12 万 km²
设计时间：2014 年

本次设计充分发挥邢台丰富的自然人文和旅游资源优势，将百泉大道的城市特色总体定位概括为——山水绿城，水路绊牵，百泉争涌，生态宜居。城市形象特色感知主题词为"精""雅""特"。

张 伟 1994 级

ATA 设计公司 董事总监
美国绿色设计协会认证设计师（LEED AP）
中国房地产及住宅研究会人居环境委员会 特聘专家

1997 年毕业于天津大学建筑学院，获工学硕士学位
2001 年于德国慕尼黑工业大学建筑系进修，城市设计专业（国际交换生）
2003 毕业于美国伊利诺伊大学建筑学院，获建筑学硕士、城市规划硕士学位

获奖项目
成都西苑整体设计：地产设计大奖·中国，优秀奖（2014）

北京东方普罗旺斯中心会所

设计单位：ATA设计公司
业主单位：耀江集团

设计团队：张伟、Kevin Kerwin、Paul Doerner、沈溟溟
项目地点：北京市
建筑面积：10 000 ㎡
设计时间：2005—2010年
竣工时间：2011年

项目位于北京市昌平区一个大型别墅区内。会所面向社区住户开放，包含两个餐厅、酒吧、美容院、私人俱乐部、健身房、壁球室、室内及室外游泳池和室外篮球场等休闲娱乐设施。设计的工作内容包括场地设计、建筑方案设计、初步设计与施工阶段的材料选择。

建筑坐落在一个不规则场地上，正面紧临内部主路，背后是两条溪流交汇处。设计有意将建筑沿道路方向旋转约 30 度，使其入口和主立面朝向最佳视角和观景面，并为交通和停车留出空间。建筑内部随功能和视线需要，在一字形平面基础上进行变化。

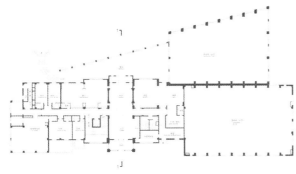

首层平面图

设计开始考虑的是一个有乡村感的形象。最初方案采用相对简洁的造型和细节处理，随着项目开发和社区成熟，会所的定位和投资计划逐渐改变，建筑形式随市场定位调整。实施方案尊重业主意图和用户需要，突出古典、精美的气质；立面选用深褐色面砖和石材线脚，建立稳重而细腻的形象。项目最大的挑战是外部条件和设计要求的不断改变，从设计启动到实施历经 7 年，其间进行多次预算调整、方案修改和形式变化，面对这些，设计者需要摆脱对理想状态的期待，以开放的态度去面对并解决随时出现的问题与挑战。

盛 梅 1994 级

ATA 设计公司 董事、总监

1997 年毕业于天津大学建筑学院，获工学硕士学位
2003 年毕业于美国伊利诺伊大学建筑学院，获景观建筑学硕士

2003 年至今任职于 ATA 设计公司

代表项目
北京润泽公馆墅郡景观设计 / 北京润泽公馆景观设计 / 杭州溪里住宅景观设计 /
西单文化广场改造景观设计 / 天津万科东丽湖湿地公园景观设计

获奖项目
杭州西溪里瑾园景观设计：地产设计大奖·中国，优秀奖（2016）

杭州西溪里瑾园景观设计

设计单位：ATA 设计公司
业主单位：浙江坤和建设集团股份有限公司

设计团队：盛梅、余巧珏、Timothy Callahan、
Guy Walther、高凌、王芳、石凯
项目地点：浙江省杭州市
景观面积：12 000 ㎡
设计时间：2009 年
竣工时间：2012 年

该项目是综合住宅开发的一部分，由高层、多层住宅和社区商业街组成。基地紧临一条天然河道，距杭州西溪国家湿地公园不到 1 千米。业主希望景观设计能创造出既符合当代生活标准，又具备"杭州水乡"气质的独特环境。

在城市住宅里，自然的绿色比人工构筑物更有价值。设计以含蓄、后退的手法，控制人工构筑物的比例，重在塑造各个场所之间的联系，增加人与自然交流的机会。在满足使用要求的基础上，给更多空间赋予绿色天然气息。种植在本项目设计中占有非常大的比例，对空间塑造起到不可替代的作用。场地东侧绿化中的雨水排入道路两侧盖板明沟，汇至场地外雨水花园。

设计利用一侧的滨河绿地，让雨水进入河道前经过明渠与滞水区（雨水花园）的过滤与渗透，减少开发建设对自然水系统的影响。由雨水花园、原生植物和步道构成的沿河绿化带为居民提供了另一个放松自我、亲近自然的场所。设计力图为社区赋予一种长久的品质，即经过多年的变迁，环境仍然有价值和生命力。这些价值包括空间的延续性和灵活性、视觉的美感和观赏性以及文化和生态的延续。

北京润泽公馆景观设计

设计单位：ATA 设计公司
业主单位：北京润泽公馆景观设计

设计团队：盛梅、Juan P. Caceres、余巧珏、Timothy Callahan、
崔菁、王芳、石凯、高凌、黄克利、刘芳、李巧玲、夏青、贾以欢
项目地点：北京市
景观面积：约 60 000 ㎡
设计时间：2011—2014 年
竣工时间：2016 年
摄影：周之毅、张海

项目位于北京东北部，是典型的高层住宅开发项目，面向日益富裕的城市居民。像大多数新建社区一样，项目外部的城市环境有待成熟，居民户外活动主要依赖社区内提供的景观设施。设计的挑战之一是整齐划一的高层住宅形态容易给人冷漠、单调的感受，但同时建筑围合成的大尺度开阔空间也是个值得利用的资源。在规划中，需要一条贯穿社区的消防车道，设计将此要求与步行动线结合，形成一个穿梭在绿地当中的无障碍景观通廊。

为了保证项目在四季的舒适性，室外集中的活动场地、儿童游戏场等均设置在高层建筑的阴影区之外，周边设置充足的遮阴乔木。考虑北方的气候特点，将社区里的人工池塘处理成宽大台阶，在无水季节作为可步入的下沉广场，提高空间的参与性和场地使用率。

韩嘉为 1995 级

开朴艺洲设计机构（C&Y）董事、常务副总经理
国家一级注册建筑师
深圳市住房和建设局评审专家
2017 年度深圳市勘察设计行业十佳青年建筑师

2000 年毕业于天津大学建筑学院，获建筑学学士学位
2003 年毕业于天津大学建筑学院，获建筑学硕士学位

2003 年任职于美国开朴建筑设计顾问有限公司
2010 年至今任职于开朴艺洲设计机构（C&Y）

代表项目
赣州中海滨江壹号 / 西安紫薇曲江意境 / 深圳鸿荣源尚峻 / 深圳中粮天悦壹号 / 深圳创佶国际广场 /
徐州行政中心 / 深圳现代国际大厦 / 张家港爱康大厦

获奖项目
1. 南宁融创九棠府：全国人居生态建筑规划设计方案评选活动年度优秀建筑设计奖（2017）
2. 深圳中粮大悦城一期：全国人居生态建筑规划设计方案评选活动年度优秀建筑设计奖（2017）/
第三届深圳建筑创作奖未建成项目二等奖（2017）
3. 深圳中粮天悦壹号：第三届深圳市建筑工程施工图编制质量住宅类银奖、建筑专业奖、公建类铜
奖（2016）/ 全国人居经典建筑规划设计方案竞赛规划金奖（2014）
4. 西安紫薇公园时光：陕西省第十八届优秀工程设计一等奖（2015）
5. 深圳创佶国际广场：全国人居经典建筑规划设计方案竞赛建筑金奖（2014）
6. 西安紫薇东进销售中心：世界华人建筑师协会设计奖（2013）
7. 西城上筑：深圳第十四届优秀工程勘察设计奖三等奖（2010）

张家港建设大厦 & 农村商业银行大厦

设计单位：开朴艺洲设计机构（C&Y）
业主单位：张家港市建设局、农村商业银行

设计团队：蔡明、韩嘉为、张伟峰
项目地点：江苏省张家港市
场地面积：99 518 ㎡
建筑面积：59 711 ㎡
设计时间：2003 年
竣工时间：2007 年

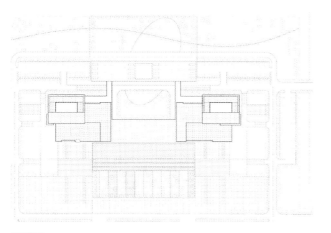

总平面图

塔楼自然地把基地整齐地划分为南北东西中五大块，南面为城市绿地及中心广场，体现出办公建筑前广场特有的气派；北面为办公综合体的后花园，由两栋附楼围合出特有的私密亲切感；东西两侧分别为车行主入口及室外停车场；中部为联系两栋建筑的大平台，总体布局体现平稳均衡的特点。建筑造型以极简主义为设计原则，运用严谨的逻辑概念和理性的思维方法，突破传统设计手法，强调"面"与"体"的设计理念。方案顺应城市设计的要求，通过"面"的肌理与"体"的虚实变化赋予项目独特的个性，既是城市界面的延续，又是视觉的焦点，加上光影的微妙变化，使之不以高度而以体量为标志性，从周围众多的写字楼中脱颖而出，体现出了阔而不凡的气质。

南宁融创九棠府

设计单位：开朴艺洲设计机构（C&Y）
业主单位：南宁融创正和置业有限公司

全国人居生态建筑规划设计方案评选活动年度优秀建筑设计奖（2017）

设计团队：蔡明、韩嘉为、杨浩、黄勇、唐丽群
项目地点：江苏省苏州市
场地面积：97 276 ㎡
建筑面积：485 466 ㎡
设计时间：2016 年
竣工时间：2017 年

总平面图

融创九棠府项目功能主要为住宅以及底层商业等相关配套，总体定位为以休闲生态居住为主，集商业配套于一体的高端生态居住区。总体布局采用点板结合高层贴边式布局，整体南低北高，形成完整的规划形态并营造出双中心花园的空间效果，呼应了五象片区起伏变化的山势。项目整体立面风格采用的是简约的新东方风格，经过提炼简化，设计团队摒弃了繁杂的纯欧式符号，在迎合市场对东方建筑风格追求的同时又增添了时代感，呈现出特点鲜明、个性突出的建筑形象。立面通过构成、色彩、虚实的演绎与诠释，营造出舒适宜人的商务与人居氛围，使得建筑形象在各个方向均绽放出别样的光彩。无论是从城市远眺，还是置身其中，人们均能体验到此处全景式的优美画面。

苏州招商雍和苑

设计单位：开朴艺洲设计机构（C&Y）
业主单位：苏州招商漫城房地产有限公司

设计团队：蔡明、韩嘉为、庄源钰、杨浩、黄勇
项目地点：江苏省苏州市
场地面积：42 483 ㎡
建筑面积：120 804 ㎡
设计时间：2015 年
竣工时间：2016 年

首层平面图

项目由多层洋房区和小高层住宅区两个独立组团构成。洋房利用地下室、庭院、露台等增值空间提升品质，并创造出富于变化的建筑形体。小高层住宅采用分离核心筒的骨架，主要功能空间全南向设计，户户南北通透。园林设计追求自然风格，充分考虑景观、绿化及日常使用功能的结合，通过小品的布置，假山、竹林及栈桥的有机结合，创造出"虽由人作，宛如自然"的园林意境。高层建筑造型运用阳台线条的拉接和立面框架的引入，突出建筑本身的挺拔。洋房利用多重露台设计和石材与真石漆的搭配体现项目的品质，同时建筑细部的精细化处理更提升了项目的尊贵感。

西安紫薇公园时光

设计单位：开朴艺洲设计机构（C&Y）
业主单位：西安紫薇地产开发有限公司

陕西省第十八届优秀工程设计一等奖（2015）

设计团队：蔡明、韩嘉为、杨浩、叶俊明
项目地点：陕西省西安市
场地面积：31 800 ㎡
建筑面积：120 246 ㎡
设计时间：2011年
竣工时间：2013年

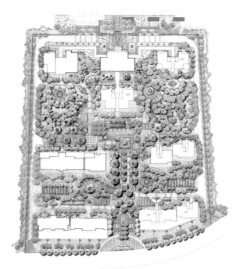

总平面图

为精英人群定制恰如其分的休息、互动、交往空间是该项目的主旨，而设计的出发点就是要用产品引导生活，让精英人群在社交与亲情、个性与地位之间找到完美的平衡点。规划设计精心考虑了建筑与内外景观的关系，将北侧三栋高端产品错落布置，为每户营造全方位的景观视野，同时形成层次丰富的城市界面。南侧的其他建筑中轴对称，高低错落，为群体带来稳定均衡的经典构图形式，同时突显了楼王的中心地位。高层叠加复式产品享有酒店式大堂、私属电梯厅、双动线分区、通高客厅以及大尺度露台，提供尊贵的生活场景。建筑风格可以定义为古典主义的时尚演绎，利用后现代的处理手法，在严谨的古典主义构图原则下，将"L"形母体错动、叠加、扭转，自然而然地散发出魅力。

刘昌宏 1995 级

新加坡雅思柏设计事务所 主任建筑师
国家一级注册建筑师
荷兰注册规划师

2000 年毕业于天津大学建筑学院，获建筑学学士学位
2006 年毕业于荷兰代尔夫特理工大学，获城市设计学硕士学位

2000—2004 年任职于中国建筑设计研究院
2007 年至今任职于新加坡雅思柏设计事务所

代表项目
山东烟台养马岛及前海控制性详细规划及城市设计 / 北京鸿坤广
场购物中心 / 北京鸿坤广场办公集群 / 四川绵阳凯德广场

获奖项目
天津半岛蓝湾：北京市第十二届优秀工程设计（居住区规划及
居住建筑）一等奖（2005）/ 建设部部级优秀勘察设计（优秀城
镇住宅和住宅小区设计）二等奖（2005）

鸿坤广场购物中心

设计单位：新加坡雅思柏设计事务所
业主单位：鸿坤地产集团

设计团队：刘昌宏、Chen Sze Liat、庄锦琥
项目地点：北京市
场地面积：59 503 ㎡
建筑面积：143 629 ㎡
设计时间：2010 年
竣工时间：2014 年

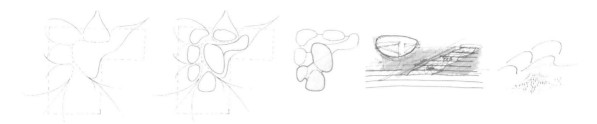

方案草图

这是一个避免形象先入为主的设计。设计师希望中心是一个按逻辑生长出的整体，一个与当地人建立关系的场所，一座有归属感的商业建筑。设计尝试在这次设计中运用另一种自下而上的设计方法展开工作。首先划定从各个界面进入基地的不同人流，这些人流自然地修饰出大小各异的形体，这些形体呈聚合分散状，既如若干相互吸引的磁石，又如被水体冲刷的卵石。

根据前期分析，方案将主力影院设于顶部两层，面积约为三个体块。为避免对北侧住宅的日照影响，建筑高度由南向北呈逐级跌落的退台造型，结合退台空间和业态设置不同标高的空中花园。根据每个体块的比例关系，不同标高的上部形体向外悬挑，形成更加轻盈灵动的效果，底部通透感更强，利于商业氛围的营造。利用影院位于上部并且功能上不需要通透的特点，表皮被设计为下虚上实的自然渐变肌理，同时呈一定的方向性，仿佛是虚空间流动过表皮后留下的印记。西南角入口设置悬挑的雨棚构架，并在悬挑端上扬，形成更为强烈的视觉冲击。

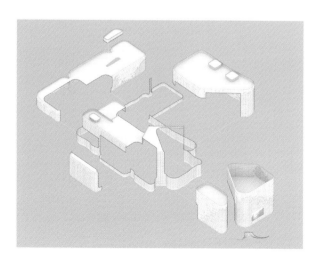

立面构成轴测图

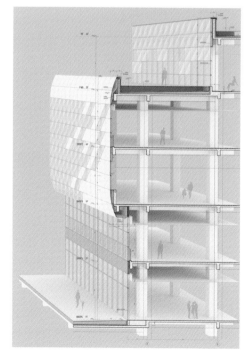

墙身剖透视图

任祖华 1995 级

中国建筑设计研究院有限公司本土设计研究中心 第二工作室主任

2000 年毕业于天津大学建筑学院，获工学学士学位

2003 年至今任职于中国建筑设计研究院有限公司本土设计研究中心
（崔愷工作室）

个人荣誉
第十届中国建筑学会青年建筑师奖

代表项目
山东省广播电视中心 / 奥林匹克公园多功能演播塔 / 长陵博物馆 / 威海
图书馆 / 威海群众艺术馆

获奖项目
1. 天津大学北洋园校区主楼 北京市优秀工程勘察设计奖一等奖（2017）
2. 天津大学北洋园校区综合实验教学楼：北京市优秀工程勘察设计奖
二等奖（2017）
3. 山东省广播电视中心：全国优秀工程勘察设计行业奖银奖（2012）
/ 全国优秀工程勘察设计行业奖一等奖（2011）/ 北京市优秀工程勘察
设计奖一等奖（2011）
4. 韩美林艺术馆：全国优秀工程勘察设计行业奖二等奖 (2010)/ 北京
市优秀工程设计奖一等奖（2009）
5. 奥林匹克公园多功能演播塔：全国优秀工程勘察设计奖铜奖（2008）

天津大学北洋园校区主楼

设计单位：中国建筑设计研究院有限公司
业主单位：天津大学

北京市优秀工程勘察设计奖一等奖 (2017)

设计团队：崔愷、任祖华、梁丰、叶水清、彭彦、
孙海林、孙庆唐、潘国庆、匡杰、王加、贾京花、
史敏、刘畅、邓雪映
项目地点：天津市
场地面积：15 200 ㎡
建筑面积：85 762 ㎡
设计时间：2013 年
竣工时间：2015 年

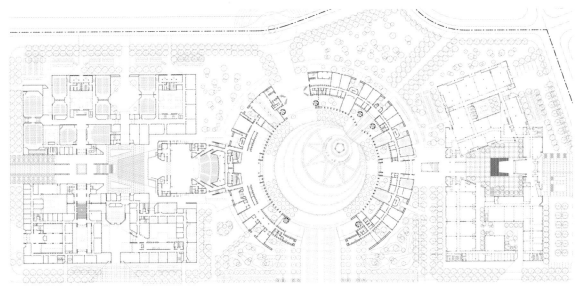

首层平面图

天津大学主楼位于天津大学北洋园校区的东侧，主要功能包括北洋会堂、第四教学楼、文科组团、材料与理科组团。

北洋园自东向西有一条贯穿整个校园的轴线，该轴线由两段组成：校前广场的轴线与核心岛的轴线。这两段轴线在项目用地的中部形成转折。因此，方案在轴线转折处设计了一圆形的体量，化解了轴线转折的矛盾。

整个设计始终贯彻以学生活动、学生生活为中心的设计理念。设计首先提供一个供学生活动交流的场所——圆形广场，建筑沿广场周边来布置，使建筑呈现出一种开放的姿态。圆形广场与东侧的校前广场和西侧的核心岛步行空间连为一体，共同形成校园开放化的空间体系。整组建筑是自主校门进入校园后的第一组建筑，成为整个校前广场的背景，因此，将几组不同的功能体整合为一座整体的建筑，形成以中部的较高的圆形建筑为中心、两侧较矮方形体量为两翼的体量关系。

天津大学北洋园校区综合实验教学楼

设计单位：中国建筑设计研究院有限公司
业主单位：天津大学

北京市优秀工程勘察设计奖二等奖（2017）

设计团队：崔愷、任祖华、朱巍、梁丰、李欣、
段永飞、高彦良、黎松、王加、贾京花、史敏
项目地点：天津市
场地面积：38 760 ㎡
建筑面积：32 000 ㎡
设计时间：2012 年
竣工时间：2015 年

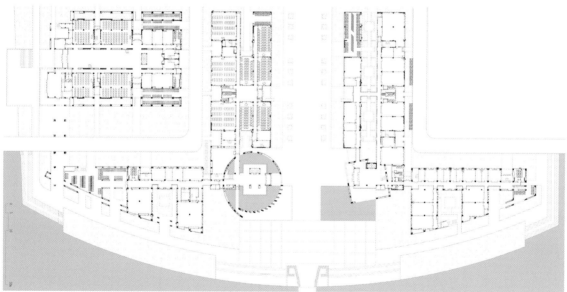

首层组合平面图

项目位于天津大学北洋园校区学生公共教学活动区的最东端，校园主轴线从基地中部穿过，用地三面毗邻校园环形绿化景观带。项目主要由计算机实验楼、电子电气实验楼和物理实验楼三部分功能组成。

设计中充分考虑建筑与校园的关系，轴线两侧的建筑高度控制在四层，通过切削处理，进一步缩小建筑的体量，塑造宜人的尺度，形成轴线的韵律感。沿绿化景观带一侧，通过退台的处理，组团与环境形成对话，也为学生提供了多层次的室外交流空间。整组建筑是从主校门进入中心岛的第一组建筑，是校园主轴线序列空间的一个重要节点。设计对轴线两侧的两个建筑出入口做了特殊的处理，一圆一方，一高一矮，既有对称的意象，又有所差异，形成点睛之笔。

本项目将页岩砖作为建筑的主体材料。设计中充分考虑了砖建筑的建构特点，结合窗户形成的叠涩处理、结合阳台设置的镂空墙体，将砖建筑的特色体现出来。

王 洋 1995 级

深圳市荟筑景观与建筑设计有限公司 创始合伙人、设计总监
中国国家注册城市规划师
园林景观专业高级工程师
美国景观设计师协会会员

2000 年毕业于天津大学建筑学院，获城市规划学学士学位

2000—2011 年任职于 EDAW,AECOM
2011 年至今任职于深圳市荟筑景观与建筑设计有限公司

获奖项目

1. 东部华侨城天麓居住区：博鳌论坛中国房地产峰会"低碳地产"最佳人居奖（2010）/ 联合国友好理事会"全球人居环境奖"最佳社区奖 / 中国地产金砖奖评选委员会"中国地产金砖奖"最具价值奖
2. 星河雅宝：香港园境师学会"景观设计实践"优秀奖
3. 天津海河：美国水利部"卓越水岸设计"荣誉奖
4. 金鸡湖滨水开放空间：美国 KENNETH F.BROWN 亚太区"文化与建筑设计"二等奖 / 美国景观师协会（ASLA）"最高荣誉奖"优秀奖

佳兆业金沙湾滨海公园

设计单位：深圳市荟筑景观与建筑设计有限公司
业主单位：深圳市佳德美奂旅游开发有限公司

设计团队：钟国梁、刘雅琦、彭冉、刘浩然、耿俊杰、
任虹洁、邹徽、洪彦、王中逸、张凡、陈阳
项目地点：广东省深圳市
用地面积：54 500 ㎡
建筑面积：4 000 ㎡
设计时间：2016 年
竣工时间：2017 年

总平面图

佳兆业金沙湾滨海公园作为金沙湾滨海开放的一期启动项目之一，已成为未来 2 千米浪漫热情海岸线的新起点，被打造成金沙湾国际乐园泛珠三角地域性综合目的地，不仅是市民休闲的公共海滨浴场，更是文化汇聚的庆典海滨。

场地宽度与高差变化较大，一般沙滩缓坡难以缓解潮差与海浪侵蚀。面对如此挑战，设计团队提出以平台作为防护堤的建议，增加沙滩活动内容与范围，同时利用平台下方基础空间形成服务区，统筹竖向设计。另外，对既存沙滩做吹沙处理，优化沙质，增加活动面积。

设计理念以海浪与珊瑚曲线作为启发，搭配明朗浪漫的色彩，从珊瑚纹理和海上渔船获得灵感，进行景观建筑、景观构筑物及景观家具小品的设计，力图创造现代感与趣味性的活力海岸线。设计方尝试提炼文化元素与生态内涵，营造精神堡垒以传承文化地脉，设置多样弹性节点来更新场地活动，并且创造灵活连续的海岸功能空间，满足更多的日常与节庆事件，丰富辐射范围地区的精彩的休闲生活。

杨 新 辉 1995 级

浙江省建筑设计研究院第六设计院 所长
国家一级注册建筑师

2000 年毕业于天津大学建筑学院，获建筑学学士学位

2000 年至今任职于浙江省建筑设计研究院

代表项目
萧山科技创新中心 / 桥西配套中小学 / 台州东部新区月湖初级中学 /
杭州运河中央公园

获奖项目
1. 宁波微软技术中心：“钱江杯”奖优秀勘察设计（2013）
2. 宁波市北仑图书馆：“钱江杯”奖优秀勘察设计（2014）

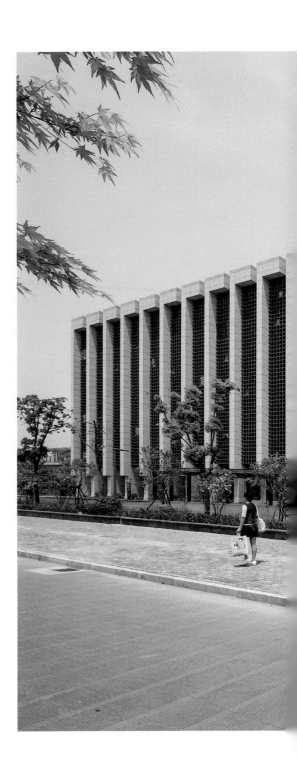

宁波市北仑图书馆

设计单位：浙江省建筑设计研究院
业主单位：宁波市北仑区图书馆、宁波职业技术学院

设计团队：杨新辉、姚之瑜、彭怡、王恒军、洪渊、
张建良、李峰、马慧俊、汪新宇、杨长明、王皓
项目地点：浙江省宁波市
场地面积：37 375 ㎡
建筑面积：37 830 ㎡
设计时间：2010 年
竣工时间：2013 年

首层平面图

宁波职业技术学院图书馆的主入口位于西侧的二层平台广场上，通过横跨中河的扶桥与学院相连。区图书馆主入口设在中河路上，通过架空灰空间的过渡，与学院图书馆融为一体。建筑一层南部区块为两馆的公共区域，可有效实现资源的共享，相互融合、互不干扰，在功能上既相互独立，又互相补充。两家图书馆各自拥有独立的交通与管理体系，有利于发挥各自特点，提供开放式社会阅览大平台。

两馆的主入口分别位于项目的东西两侧，通过水庭互成对景关系。从城市到灰空间到水庭再到河道及学院，形成一个曲折有序的空间序列关系，实现从城市至学院景观上的连续性及开放性。设计设置不同高程的广场，同灰空间有效结合起来，提供宜人的户外活动场所。图书馆南侧由钢筋混凝土及铝合金通透格栅筑成的如散开的折扇般的立体构架，在图书馆主体与城市道路之间形成了一个半"封闭"的屏风，兼具隔声及遮阳的作用，在室内外营造出别样的风景。根据建筑功能要求，建筑大量采用了以陶土板和玻璃幕墙相混合的立面元素，灵活错动，将阅览功能的采光要求同建筑的韵味肌理统一起来。

张春彦 1995 级

天津大学建筑学院风景园林系 副主任、副教授，博士生导师
天津大学国际合作与交流处副处长、港澳台办副主任（兼）

2000 年毕业于天津大学建筑学院，获建筑学学士学位
2004 年毕业于法国巴黎拉维莱特建筑学院，获"园林、景观、地域"硕士学位
2010 年毕业于法国社会高等科学研究学院，获"历史与文明"专业博士学位

2000—2002 年任职于天津大学建筑学院
2003—2009 年任职于法国巴黎 AAUPC，DUBOSC & LANDOWSKI，Roland Castro & Sophie Denissof 等事务所
2005—2009 年任职于法国巴黎拉维莱特建筑学院
2010 年至今任职于天津大学建筑学院

代表项目
圆明园遗址公园保护规划 / 河北省邯郸市串城街历史文化街区规划设计及建筑方案设计 / 河南省焦作市寨卜昌村古建筑群保护规划

获奖项目
1. 河北省邯郸串城街南段历史文化街区保护与整治规划：天津市优秀城乡规划设计奖一等奖（2017）
2. 大运河天津段遗产保护规划：全国优秀城乡规划设计奖三等奖（2015）
3. 蓬莱市"登州仙阜商业街工程"文物影响评价：优秀工程咨询成果三等奖（2014）

串城街历史文化街区规划设计

设计单位：天津大学建筑设计规划研究总院
业主单位：河北省邯郸市城乡规划局

设计团队：朱磊、朱阳、张春彦、冯驰、吴昊、李翔
项目地点：河北省邯郸市
场地面积：213 400 ㎡
建筑面积：10 060 ㎡
设计时间：2016 年
竣工时间：2017 年

项目立足历史文化街区的保护与传承，结合区域内多种文化元素，全面提升历史街区的城市品位，激活区域及周边业态活力，带动经济发展，实现串城街历史街区的文化继承与邯郸城市发展的有机结合。方案强调五横三纵多核心的规划结构，其中三纵即三"串"，包括串城街主轴线、道路主轴线、景观主轴线，分别将历史保护节点、景观节点、人文节点串联起来，构成了有机的统一整体。

钟 鹏 1995 级

中国建筑西南设计研究院有限公司设计七院 总建筑师
中国建筑西南设计研究院有限公司贵州分院 总建筑师
国家一级注册建筑师

2000 年毕业于天津大学建筑学院，获工学学士学位
2004 年毕业于北京大学建筑学研究中心，获理学硕士学位

2000—2001 年任职于非常建筑事务所
2004—2008 年任职于中国建筑设计研究院有限公司李兴钢工作室
2008 年至今任职于中国建筑西南设计研究院有限公司

代表项目
成都万达瑞华酒店 / 量力医药健康城 / 阜阳第一高级中学 / 贵安新区七星湖智能
终端产业园 / 铜仁奥体中心 / 中科院成都分院新址工程

获奖项目
1. 川开厂改造项目：四川省优秀工程勘察设计奖一等奖（2017）
2. 四川省图书馆新馆工程：全国优秀工程勘察设计奖二等奖（2017）/ 四川省
优秀工程勘察设计奖一等奖（2017）/ 中国建筑优秀勘察设计（建筑方案）一
等奖（2011）
3. 绵阳博物馆灾后异地重建工程：中国建筑优秀勘察设计（建筑方案）二等奖
（2011）
4 威海市·Hiland 名座：北京市第十五届优秀工程设计奖二等奖（2011）
5. 建川镜鉴博物馆暨地震纪念馆：全国优秀工程勘察设计行业奖建筑工程三等
奖（2011）/ 北京市第十五届优秀工程设计奖一等奖（2011）

川开厂改造（天府新区政务中心）

设计单位：中国建筑西南设计研究院有限公司
业主单位：天府新区管委会

四川省优秀工程勘察设计奖一等奖（2017）

设计团队：钟鹏、马冀、曹莉、代宇、马文卿
项目地点：四川省成都市
场地面积：14 000 ㎡
设计时间：2013 年
竣工时间：2013 年

改造前

改造后

川开厂改造项目位于成都市天府新区，天府大道西侧，正东路北侧。工程以"四川高压开关厂高低压楼配电车间"为基础，通过对原有结构的加固、改造、扩建，最终建成为天府新区政务服务中心。

原始建筑建成于 1980 年代至 1990 年代，东西两翼的车间厂房结构形式为跨度 12 米的"T"字形预应力混凝土单跨结构，空间高大通透，中部四层楼高的办公楼柱网较小，但垂直交通条件良好。根据建筑功能需求和结构工程师的意见，设计采用在建筑外侧增设一跨钢结构的形式，将原有的单跨 T 形梁结构变为两跨框架形式，有效提高了结构抗侧刚度，在结构体系上根本解决了原单跨框架结构于抗震不利及抗震性能不足的问题。与此同时，建筑室内空间与广场之间增加出来的这一跨钢结构空间通过底层架空，形成半室外的开敞柱廊，成为严肃的政务办公空间与自由广场之间的界面过渡。

首层平面图

绵阳博物馆新馆

设计单位：中国建筑西南设计研究院有限公司
业主单位：绵阳市文物管理局

中国建筑优秀勘察设计（建筑方案）二等奖（2011）

设计团队：郑国英、黎可、钟鹏、伍庶、罗磊、龚健健、吴宇轩
项目地点：四川省绵阳市
场地面积：29 000 ㎡
设计时间：2011 年
竣工时间：2016 年

项目基地位于绵阳市富乐山景区内，周边场地视线开阔，邻近建筑皆为景区仿古建筑。基地高差变化复杂，场地东西向最大高差达到 40 米。博物馆空间及功能需求复杂繁多，地理环境、人文环境特殊。

设计构思从地理环境和人文环境出发，在"元和郡县制"中找到建筑与绵阳历史沿革以及场地特征的契合点："东据天池，西临涪水，形如北斗，卧龙伏焉。"这段关于古绵阳形态的文字描述经过形象转译被用于设计中，建筑结合逐级而上的地形地势，顺应山势，盘山而上，犹如巨龙，形如北斗。设计借鉴中国传统园林，利用建筑形体转折围合出尺度宜人的庭院空间和前区广场，从而避免了整体式布局体形庞大、内部空间单调等弊病。

王振飞 1996 级

华汇设计（北京）HHD_FUN 主持建筑师 创始合伙人

2001 年毕业于天津大学建筑学院，获建筑学学士学位
2007 年毕业于荷兰贝尔拉格学院（Berlage Institute），获硕士学位

2001—2005 年任职于天津华汇建筑工程设计有限公司
2007—2008 年任职于荷兰 UNStudio
2009 年至今任职于华汇设计（北京）HHD_FUN

个人荣誉
中国新锐建筑创作奖 CA`ASI（2010）

获奖项目
1. 青岛世界园艺博览会地池综合服务中心：德国 ICONIC AWARD（2015）/
German Design Award（2014）
2.Grand Gourmet 旗舰店：德国 ICONIC AWARD_Winner（2017）/
Winner German Design Award_Winner（2018）

王鹿鸣 1998 级

华汇设计（北京）HHD_FUN 主持建筑师 创始合伙人

2003 年毕业于天津大学建筑学院，获建筑学学士学位
2007 年毕业于荷兰贝尔拉格学院（Berlage Institute），获硕士学位

2003—2005 年任职于天津华汇建筑工程设计有限公司
2007—2008 年任职于荷兰 UNStudio
2009 年至今任职于华汇设计（北京）HHD_FUN

获奖项目
1. 青岛世界园艺博览会地池综合服务中心：德国 ICONIC AWARD
（2015）/ German Design Award（2014）
2.Grand Gourmet 旗舰店：德国 ICONIC AWARD_Winner（2017）/
German Design Award_Winner（2018）

李宏宇 1999 级

华汇设计（北京）HHD_FUN 主持建筑师 合伙人

2004 年毕业于天津大学建筑学院，获建筑学学士学位

2004 —2010 年任职于天津华汇建筑工程设计有限公司
2010 年至今任职于华汇设计（北京）HHD_FUN

获奖项目
1. 中国银行天津分行："海河杯"天津市优秀勘察设计奖一等奖
2. 天津市三十一中学："海河杯"天津市优秀勘察设计奖一等奖 / 建设部优秀勘察设计奖二
等奖
3. 天津市中营模范小学："海河杯"天津市优秀勘察设计奖一等奖 / 建设部优秀勘察设计奖
二等奖
4. 天津市工业大学图书馆："海河杯"天津市优秀勘察设计奖一等奖
5. 天津市海河教育园区公共图书馆："海河杯"天津市优秀勘察设计奖一等奖

沙坡尾艺术西区

设计单位：华汇设计（北京）HHD_FUN
业主单位：厦门国元地产

设计团队：王振飞、王鹿鸣、李宏宇、汪琪、潘浩、
焦杰、柏万军、周莉莉
项目地点：福建省厦门市
基地面积：6 539.7 m²
建筑面积：2 769 m²
设计时间：2013—2014 年
竣工时间：2013 年
摄影：强涛

拉索及灯光示意图

总体鸟瞰图

冷冻厂位于厦门市沙坡尾 60 号，在有名的沙坡尾避风坞的旁边 。将冷冻厂改造为艺术区是沙坡尾整个旧城更新项目的一个重要试点。在尽量低廉的造价下实现所有新意的设计，是设计师面临的一个很大的挑战。设计师用 12 片高度不同的混凝土墙将场地围合，创造出一个半封闭的广场空间。活动广场中的核心元素是一个滑板场地，可以为滑板潮人提供活动场所。混凝土墙以圆弧的方式和地面连接，创造了适合滑板、小轮车等运动的场地。方案使广场本身成为多功能空间，可以用来举办演出、创意市集等，从而实现活动场的多种用途，很好地适应艺术西区活动的多样性。

一个以"二叉树"为基本结构的复杂受拉钢索结构被用来连接混凝土墙和建筑主体，为广场创造了一个视觉中心，使得原本分散的元素以特殊的方式联系在一起。同时，拉索结构各主要节点悬挂灯具，巧妙地解决了广场的基本照明问题。为了增加广场的趣味性和可识别性，同时强调拉索结构的内在逻辑，设计师在钢索和混凝土墙相连接的每个节点处设置了圆形光环，LED 灯表面覆盖黑色透光亚克力，晚上发光，白天则与黑色圆盘成为一体。圆形的设计元素被广泛应用到广场的各个部分，如入口混凝土墙上工作室的名称标识，用来放置活动海报的灯箱等。

冷冻厂的主入口位于建筑东南侧，老建筑首层有一块半室外空间，应该是原来的卸货平台。设计师在这里加建了一个小型活动空间，用来举行一些小型展览，同时也当作小教室使用。墙上保留了冷冻厂冻库的保温门、风幕机和控制箱，留下老厂房的印记，其中的一扇门作为首层"REAL LIFE"俱乐部的入口，其余各扇则变为可开启的橱窗，同时兼具防盗功用。"REAL LIFE"俱乐部是由首层原本的冷冻库空间改造而成，冻库两层通高，这里经常举办各类演出，吸引厦门潮人前来捧场。

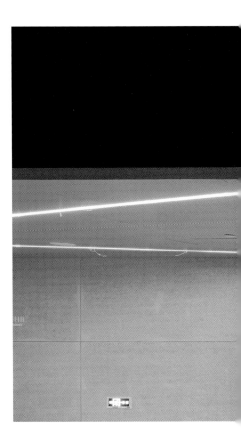

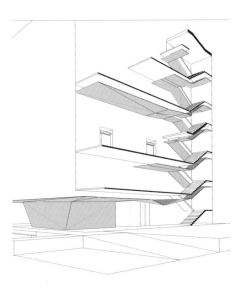

楼梯吊顶指示系统分析图

连接这一区域的是建筑的主要楼梯空间，这个开敞的楼梯连接了冷冻厂的各个楼层，直通屋顶，这里也是这次改造的一个重点空间。为了强调建筑的整体性，设计师用一个连续的吊顶装置贯穿了从入口到各个楼层的整个公共空间，提高了整体空间的可识别性。细腻的金属质感吊顶和原有粗犷的厂房空间形成鲜明的新老对比，强调了装置的"置入性"。吊顶上黑色亚克力结合 LED 的线性灯光系统从入口空间开始顺着楼梯一路上行，既成为有特色的照明系统，同时又起到了引导人流的作用。

冷冻厂二层面积较小，将原有小隔间打通，改造为木工工坊——米其小一工作室。三层原有的冷冻库被改为艺术家工作室，为十几位艺术家提供工作、交流的空间。在四层，设计师只对楼梯等公共空间进行改造，对冻库空间只做基本的改造处理，整体空间供招商出租。

"艺术西区"是冷冻厂的新名字，这里自建成以来，已经成为集雕塑、陶艺、版画、服饰设计、手作木艺、动漫、音乐、纸艺、影像等为一体的综合文化艺术区，各类工作室均免费向公众开放，大家可以和艺术家面对面交流。

温捷强 1996 级

内蒙古新雅建筑设计有限责任公司 董事长、高级工程师
国家一级注册建筑师
国家资深室内设计师
内蒙古首批工程设计大师
世界华人建筑师协会常务理事
世华建协地域建筑学术委员会副主任委员

2000 年毕业于天津大学建筑学院，获工学硕士学位

1985—1996 年任职于内蒙古建筑学校设计院
1998 年至今任职于内蒙古新雅建筑设计有限责任公司

获奖项目
1. 呼和浩特市托克托县郝家窑村村史博物馆：世界华人建筑师协会创作金奖
（2015）/ 内蒙古自治区优秀工程勘察设计一等奖（2016）
2. 土默特左旗文化艺术中心：世界华人建筑师协会设计奖（2013）
3. 辉腾锡勒草原接待中心：世界华人建筑师协会优异奖（2013）
4. 集宁师专图书馆：全国优秀工程勘察设计行业奖建筑工程三等奖（2011）/ 自
治区年度优秀工程设计一等奖（2008）/ 世界华人建筑师协会优异奖（2013）
5. 巨华国际大酒店：内蒙古自治区优秀工程勘察设计优秀奖（2012）
6. 鄂尔多斯文化艺术中心：内蒙古自治区民用建筑设计二等奖（2010）
7. 新雅艺墅：华人住宅与住区单体住宅设计奖（2010）
8. 新雅艺墅 A 座：世界华人建筑师协会设计奖（2009）
9. 新欣世纪城：内蒙古自治区民用建筑设计一等奖（2010）
10. 学府康都：华人住宅与住区建筑设计奖（2008）

土默特左旗体育馆

设计单位：内蒙古新雅建筑设计有限责任公司
业主单位：土默特左旗文化体育广电局

设计团队：温捷强、庞书东、马志会、贺永强、赵明
项目地点：内蒙古自治区呼和浩特市
场地面积：53 000 ㎡
建筑面积：19 977 ㎡
设计时间：2012 年
竣工时间：2014 年

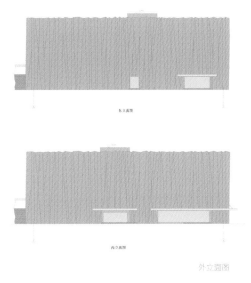

项目位于"敕勒川，阴山下……"北朝民歌《敕勒歌》
所描述的场域之内，即现呼和浩特市土默特左旗阴山
南麓 L 形奥体公园之西北转角处。其北侧大青山脚下
有京藏高速穿过，西侧为城市次干道光明路，隔街为
多层住宅小区，南侧为城市主干道草原街，其将奥体
公园分为南北两块。南地块隔奥体公园有文化艺术中
心与项目遥遥相对，西侧支路东为奥体体育场用地，
建设场地平坦开阔，自然环境得天独厚，十分理想。

外立面图

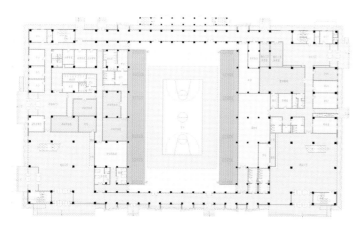

首层平面图

在旗县以经济为先决的条件下，如何从设计上下功夫，摒弃通常的、简单的、显而易见的符号学的设计手法，使建筑同环境和地域文化产生视觉上与精神上的对话，是项目设计面对的一个问题。设计团队对在视觉心理学、现象学、类型学与色彩学上做了认真的研究与探索；对阴山之神韵、内蒙古的审美原形及宗教信仰做了探索，最后决定在方正的形体南北长边上稍做外凸的玻璃幕墙处理，使灰驼色倾斜向上。上下宽窄不一、折形起伏的遮阳铝拉网幕墙从形态上与北侧大青山产生了形神对话。

简洁而挺拔收锋的幕墙在转折起伏中宛如山峦跌宕，而一道道宽窄有变的深灰色玻璃幕墙好似山谷，又好似一道道飞瀑飞泻而下。建筑形体简洁清晰、挺拔刚劲，充满了视觉的张力与精神的感染力，也充满了象征性。在天光云影的变幻下，灰驼色的亚光铝幕墙随之而变，建筑极具鬼斧神工的雕塑感，从深层次上阐释了体育精神的和谐与力量。北方民族特色和高亢的审美原形融入山体与大地的灰驼色，与当地民居色彩自然协调；内装饰设计中，折形外墙的动势与韵律应用于内墙的墙与柱和共享空间的挡板设计上，使得内外产生了视觉上的联系；而大面积的水波纹和流云似水般的石膏板白色吊顶既节约了资金，又方便了空调管道的检修。天似穹庐，笼罩四野，在苍茫与韵律中，在激情与色彩中，在情与理的互动中，本项目的体育精神与地域文化谱写了和谐共生的乐章。

托克托县郝家窑村村史博物馆

设计单位：内蒙古新雅建筑设计有限责任公司
业主单位：内蒙古自治区托克托县黄河湿地管委会

世界华人建筑师协会创作金奖（2015）
内蒙古自治区优秀工程勘察设计一等奖（2016）

设计团队：温捷强、刘彦军、孙超雄、常力、
贾红霞、赵莲芝、赵悦
项目地点：内蒙古自治区呼和浩特市
场地面积：32 256 ㎡
建筑面积：32 256 ㎡
设计时间：2015 年
竣工时间：2015 年

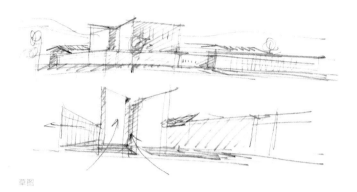

草图

村史博物馆择址于郝家窑村口西侧草滩湿地之畔，东边空旷处可辟为自然砂石停车场。在基地东侧远方，黄河常年冲击出的断崖及那层层叠叠的崖窑宾馆与场地遥遥相望。南侧有一道防洪渠，渠内山泉潺潺、芦丛茂密，上有木桥跨渠连通村落南北。

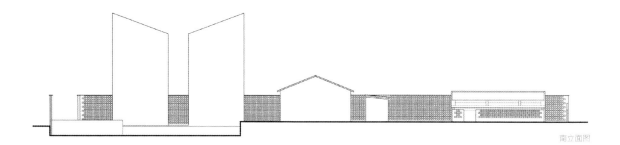

南立面图

设计师经过对周围环境、功能需求、投入回报、后续运营等一系列问题细致考量后，决意于以"残禅入境"为魂进行诗意的探求。

残禅：首先，以一方"残院"巧织于大环境，即南侧外院墙不做封堵，向防洪渠敞开。院中设静池并植芦草，逐步叠落，与渠内芦丛融接一体，而渠对岸村庄景致亦由此入院。至此，村、渠、院得以共存，借景与对景之时，黄河文化在悠悠芦荡间油然而生。其次，"残院"所用之花格半透墙和栅墙使得院墙内外相对望而若隐若现，既方便了管理，又与村舍院墙和栅栏产生视觉以及精神上的对话。

总平面图

入境：将不同功能的内外展厅、展院以一纵两点"竖心旁"的平面格局精心楔入"残院"，由此切割出大小、比例和形态各不相同的空间。其思路看似简洁平实，而不断演变的残禅之意却是凝结了设计者的匠心与智慧：脚踏草丛中的石子小道，由隐蔽相夹的主入口过道而入，目及之处唯有开敞的叠落水院和笔直延伸的花格残墙。顺着宽阔挡台前行，便可见那漫院丁砖。本欲直上台阶而观断壁残檐，却见得身侧两座高耸的对峙的绝壁直插草丛之中——这便是三层高的村史馆主展厅、展院。

苏 辉 1996 级

浙江南方建筑设计有限公司 副总建筑师
杭州南方木石金建筑设计有限公司 总经理
高级建筑师

2001 年毕业于天津大学建筑学院，获建筑学学士学位

2001 年至今任职于浙江南方建筑设计有限公司

代表项目
杭州恒大水晶国际广场 / 杭州禹洲滨之江 / 广东佛山千灯湖创
投小镇 / 浙江梦想小镇 / 杭州湖滨国际名品街 21# 地块 / 杭州
丽景山 / 杭州西溪望庄 / 宁波荣安和院 / 杭州九月庭院 / 宁波鄞
州利时奥特莱斯广场 / 湖州长兴利时广场 / 嘉兴祥生悦澜湾 / 舟
山御景国际 / 大连东方巴厘岛 / 宁波镇海利时广场 / 宁波丽景英
郡 / 宁波悦府别墅 / 大连半岛境界 / 大连亿达第一郡中小学 / 大
连青云天下 / 大连金石明珠 / 沈阳阳光洛可可 / 大连美树日记 /
大连保亿丽景山

杭州未来科技城·梦想小镇三期

设计单位：浙江南方建筑设计有限公司
业主单位：杭州市余杭区政府

设计团队：方志达、胡勇、苏辉 等
项目地点：浙江省杭州市
场地面积：296 757 ㎡
建筑面积：22 2870 ㎡
设计时间：2015 年
竣工时间：2016 年

本项目位于未来科技城，集聚淘宝城、海创园等产业孵化发展平台，临近西溪湿地，具有仓前粮仓、太炎故居等极具自然人文气息的历史遗迹，是省、市、区政府重点打造的杭州首批特色小镇项目。

本项目属于旧村落改造升级为众创办公特色小镇，设计师采用实地调研测绘的方式介入，寻求方案的切实可行性。

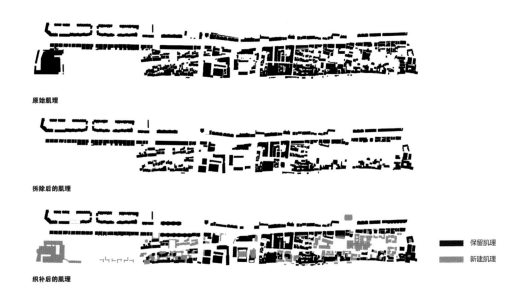

原始肌理

拆除后的肌理

织补后的肌理

▬ 保留肌理
▬ 新建肌理

在规划上，拆除部分老旧建筑，保留历史建筑和特色建筑，运用"织补"的手法，以老街的空间肌理为脉络，增建建筑、院墙，梳理水街、巷道；添补小桥、河埠，恢复枕河而居、夹岸为街、宅院四合的老街风韵。

设计打造过去、现在、未来三条主轴，融入历史文化织补、生态系统织补、公共功能织补等。塘河沿岸回溯过去，梦想之路创想未来，仓兴街延续现在。"共享"是互联网时代的核心，此处作为互联网众创办公基地，是思想与理想的碰撞空间、新老文化的融合空间、公共资源的共享空间。织补后的梦想小镇新仓前老街，原居民与互联网创客通过梦想之路共融共生，为创客们构建一条梦想之路与一个共享平台。

曾 鹏 1996 级

天津大学建筑学院 党委副书记、副教授、博士生导师
小城镇规划发展研究所所长
天津大学建筑学院城乡规划系副主任

2001 年毕业于天津大学建筑学院，获建筑学学士学位
2004 年毕业于天津大学建筑学院，获建筑设计及其理论专业硕士学位
2007 年毕业于天津大学建筑学院，获城市规划与设计专业博士学位

2007 年至今任职于天津大学建筑学院

代表项目
贵州省遵义市桃溪寺特色文化休闲风貌区规划设计 / 鄂尔多斯阿康产业园
商业服务片区城市设计

河北省廊坊市万庄文旅特色小镇规划设计

设计单位：天津大学建筑学院
业主单位：维康金磊（北京）国际文化传媒有限公司

设计团队：曾鹏、鲁恒志、朱柳慧、奚雪晴、靳子琦、李媛媛 等
项目地点：河北省廊坊市
项目规模：266 hm²
设计时间：2017 年

本项目结合特色产业资源和良好的区位交通条件，集合泛音乐文化、主题游乐、旅居度假三大板块，打造音乐、游乐和旅居三大特色产业，各个产业内部形成较为完善的产业链。小镇作为特色产业服务平台，形成"双核引领，一轴两心，多点交融"的空间结构。双核是小镇的产业核心，包括 MTV 音乐演艺核心和主题动漫游乐核心，一条水系景观轴串联整个地块，连接高端旅居中心和配套居住中心，在主要游线上布置多个组团景观核心，打造完整丰富、多层次的高品质文旅特色小镇。

河南省荥阳市郑西片区城市设计

设计单位：天津大学建筑设计规划研究总院
业主单位：荥阳市城乡规划局

设计团队：窦鹏、鲁恒志、邱雨新、张哲臻、付明达
项目地点：河南省荥阳市
项目规模：11.2 hm²
设计时间：2013 年

基于规划片区内的现状条件与资源禀赋，本次城市更新设计围绕"以生态为核，来创造特色；以文化为魂，来打造名城；以活力为眼，来发展经济。"的核心理念，将郑上路城市片区定位于郑州通往荥阳的城市迎宾门户；连接郑州、荥阳、上街的区域交通干道；展示荥阳地域特色的城市风貌带；郑汴洛城市发展轴带上的"黄金走廊"；宜居、宜商、宜游、宜观、宜行的城市"景观大道"。规划设计充分利用区内优势资源形成的禀赋要素，全力构建金融办公、主题商业、集群商贸、低碳社区、生态商务等特色功能产生的创新要素，使两者叠加成为郑上路独一无二的发展动力。本项目规划构建"一带两极、三区四节点"的总体城市设计空间架构，三个核心片区引导两极——绿色创智发展极和金融商业发展极，同时又支撑四个特色节点的发展，将整个基地打造成一条城市活力发展带。

海南省儋州市白马井镇更新城市设计

设计单位：天津大学建筑学院
业主单位：海南省儋州市政府、天津房地产集团有限公司

设计团队：曾鹏、鲁恒志、王鹏
项目地点：海南省儋州市
项目规模：280 hm²
设计时间：2010 年

总平面图

本项目在海南省旅游业日益发展的背景下，以海岛渔业风情旅游作为自身发展方向，将白马井镇的文化性作为背景主体，以现代渔业特色、海岸自然环境和休闲服务产业作为主体的核心支撑，确立"一个核心，三项特色"的发展策略，形成"一环串四带，三轴联三片"的空间结构；保留现存的渔村建筑布局，提炼渔业符号，同时移植多元文化符号，增加渔村风情内涵；利用优美的自然环境，布置多样性的旅游服务产品，使游客得到独具风情的海岛休闲体验。

陈天泽 1997 级

天津市建筑设计院 副总建筑师
国家一级注册建筑师
正高级工程师

2002 年毕业于天津大学建筑学院，获建筑学学士学位

2002 年至今任职于天津市建筑设计院

代表项目

国家海洋博物馆 / 滨海文化中心 / 滨海新区政务中心 / 天津市迎宾馆一号楼 / 天津市南开中学 / 国家行政学院主楼 / 侯台城市公园展示中心

侯台城市公园展示中心

设计单位：天津市建筑设计院
业主单位：天津市环境投资有限公司

设计团队：陈天泽、李倩枚、刘慧佳、王钢、胡巨茗、万福章、
曹天祥、李晓曼、柳宏梅
项目地点：天津市
场地面积：11 000 ㎡
建筑面积：9 500 ㎡
设计时间：2012 年
竣工时间：2014 年

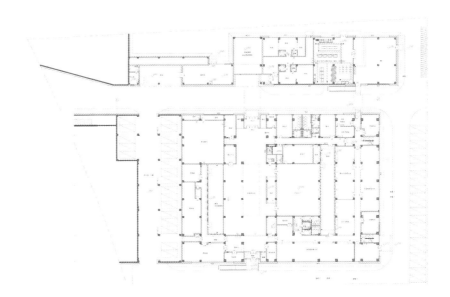

首层平面图

项目为国家二星级绿色建筑，采取被动式的节能手段，通过合理的功能组织，充分利用自然采光及自然通风及屋顶覆土等，营造良好的室内环境，大大降低建筑运行能耗。同时，设计方跟踪全过程搭建BIM竣工模型，为后期运营管理和成本结算提供支持。

南开中学滨海生态城学校

设计单位：天津市建筑设计院
业主单位：天津市南开中学

设计团队：陈天泽、李倩枚、刘子吟、李维航、
杨波、王健、周权、高颖、丁云霞、王钢、曹宇、
刘颖、康方、赵炳军、徐磊
项目地点：天津市
场地面积：135 000 ㎡
建筑面积：146 000 ㎡
设计时间：2011 年
竣工时间：2016 年

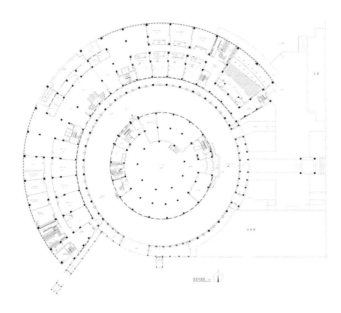

首层平面图

项目追求以人为本的校园空间与合理的功能流线，结合风模拟、噪声模拟、日照分析，组织校园规划，合理安排整体布局。校园建筑控制在四层以下，并通过院落、植物的围合，形成宜人的空间尺度。连廊、骑楼将整个校园巧妙地连为一体，使教学、生活、活动相互独立而又联系便捷。

郭海鞍 1997 级

中国建筑设计研究院有限公司本土中心研究室 副主任
天津大学建筑学博士
国家一级注册建筑师
高级建筑师
《小城镇建设》编委会委员

2002 年毕业于天津大学建筑学院，获建筑学学士学位
2005 年毕业于天津大学建筑学院，获建筑学硕士学位
2017 年毕业于天津大学建筑学院，获建筑学博士学位

2005 年至今任职于中国建筑设计研究院有限公司

代表项目
济南市泉城公园全民健身中心 / 天津市于家堡 03-15 超高层综合体 / 厦门市东南国际航运中心总部大厦 / 北京市亦庄经开数码科技园 / 北京市通州区张家湾智汇园 / 昆山市锦溪镇宿盟学校

获奖项目
1. 北京经开数码科技园：北京市优秀工程勘察设计行业奖建筑工程二等奖（2017）/ 全国优秀工程勘察设计行业奖建筑工程三等奖（2017）
2. 古窑文化馆——锦溪祝家甸村砖厂改造工程：住建部田园建筑优秀实例一等优秀奖（2016）/ 第九届威海国际建筑设计大奖赛铜奖（2017）
3. 昆曲学社——西浜村农房改造工程：住建部田园建筑优秀实例一等优秀奖（2016）/ 第九届威海国际建筑设计大奖赛优秀奖（2017）
4. 济南泉城中心城市广场：全国优秀工程勘察设计行业奖建筑工程三等奖（2013）/ 年度中国建筑工程鲁班奖（2011）

西浜村昆曲学社

设计单位：中国建筑设计研究院有限公司
业主单位：昆山城市建设投资发展集团有限公司

住建部田园建筑优秀实例一等优秀奖（2016）

设计团队：崔愷、郭海鞍、沈一婷、冯君
项目地点：江苏省昆山市
场地面积：2 775 ㎡
建筑面积：1 405 ㎡
设计时间：2012 年
竣工时间：2016 年

西浜村昆曲学社位于江苏省昆山市阳澄湖流域。随着昆山城市的发展与不断扩张，阳澄湖区域的居民大多离开了自己赖以生存的土地，西浜村内也逐渐衰落，如今只剩下了一些破落的房子和留守老人。为了振兴和恢复村庄，使其继续传承原本的非物质文化与风貌特色，设计团队选择了四套荒废的老房子加以重建和改造，利用有限的资金建设一座小的昆曲学社，来重构西浜村的传统昆曲文化氛围，通过文化的再生加强村民的凝聚力与文化脉络。

学社严格尊重原有的村庄肌理，仅在滨水区域设置了一些新的构筑物，体现了新的生长，与周边的民居、水系和谐统一。交通、空间及景观都按照原来的肌理发展，完全有机地融入村庄。项目最北面一栋楼相对内向和安静，为内部办公和学员休息所用。其他三栋建筑作为教室和活动室使用，一层所有的教室和活动室都结合庭院设计，二层结合露台设计，形成了与自然融合的特点。一二层均通过连廊相互连接，形成一体，共用垂直交通系统。建筑形态基本和原来的形态一致，但材料与细节构造均已更加符合现代生活的特点。建筑材料和做法大多采用地域材料和做法，还创新地使用了金属瓦、竹木门窗、草泥墙面等新做法。学社作为农房建筑新材料新技术的创新实验项目，希望为日后广大的乡村建筑提供新的探索。

祝家甸古窑文化馆

设计单位：中国建筑设计研究院有限公司
业主单位：昆山锦鸿城乡一体化建设有限公司

住建部田园建筑优秀实例一等优秀奖（2016）

设计团队：崔愷、郭海鞍、沈一婷、张笛
项目地点：江苏省昆山市
场地面积：20 000 ㎡
建筑面积：1 650 ㎡
设计时间：2014—2015 年
竣工时间：2016 年

祝家甸村位于江苏省昆山市锦溪镇，古称陈墓，是明清两代皇家宫殿所用金砖的产地。村庄三面环水，环境优美，交通便利。村子东边现存明清古砖窑 20 余座，村民素以烧砖为生计，村西边现存 20 世纪 80 年代大型霍夫曼砖窑一座。但是随着烧砖产业的没落，村民已经多外出打工，乡村凋敝没落。

为了振兴和恢复村庄，使其继续传承原本的文化与风貌特色，设计团队故对村口废弃的霍夫曼砖厂加以改造，利用有限的资金建设一座小的砖窑文化馆，通过村西文化馆与村东古窑之间的联络带动整个乡村的复兴。设计选取了最轻微的改造模式，即将其屋顶拆除，在其内部植入新的钢结构体系，该结构体系如同一个安全核，具有安全性和稳定性；然后将三个安全核顶部相连，铺上檩条，将旧瓦和新引入的有机塑料透明瓦铺装到屋顶上，形成斑驳效果；再利用窑体内温度相对恒定的气体作为热媒，达到冬暖夏凉的通风效果。室内全部采用组件式的家具、柜子、地板单元，以满足灵活多变的使用需求。

宿盟学校（祝家甸原舍）

设计单位：中国建筑设计研究院有限公司
业主单位：昆山锦鸿城乡一体化建设有限公司

设计团队：崔愷、郭海鞍、宁昭伟、刘勤、苏易平
项目地点：江苏省昆山市
场地面积：22 000 ㎡
建筑面积：3 503 ㎡
设计时间：2015—2016 年
竣工时间：2017 年

这是一家民宿，也是一所教村民怎么做民宿的学校。它坐落在祝家甸古窑文化馆的对面，两者之间的水湾是过去砖厂烧完砖装船运走的河湾。在砖厂二层有很多的方窗洞，从那里看过来就是这边，设计团队希望那些窗洞都能成为一个个画框，能看到一幅幅江南水乡的景象。于是他们将中间的水湾当作水乡的小河，设计了水埠头、亲水平台，还有江南风格的房子，它们有着乌黑的屋顶、白色的墙面、墙上的窗以及窗里面的生活。

之所以是案例，是因为设计团队想告诉村民，房子也可以用现代的材料做得很不错，既安全又舒适。为了让施工更有可能性，设计团队邀请了台湾的谢英俊老师作为结构设计师，采用了操作安装方便的轻钢框架结构；邀请了东方园林的朱胜萱老师经营运作，希望他将莫干山的成功经验带到这里；还邀请了无界工作室的谢晓英老师作为乡野景观的设计师，来装扮这个小房子。也因为如此，这个项目成了一个各种专家汇集的示范现场，希望吸引更多的人到这里，感受这里的美，了解村子里的金砖文化和古窑遗迹。

萨 枫 1997 级

浙江蓝城建筑设计有限公司 总经理、总建筑师、创始合伙人

国家注册一级建筑师

高级工程师

2002 年毕业于天津大学建筑学院，获建筑学学士学位

2004 年—2014 年任职于浙江绿城建筑设计有限公司
2014 年至今任职于浙江蓝城建筑设计有限公司

代表项目

绿城青山湖玫瑰园 / 九溪玫瑰园度假酒店 / 杭州天怡山庄 / 温州鹿城广场一、二期 / 西溪诚园 B-10 地块 / 海南陵水清水湾新月 / 墅海澄墅区块 / 海南陵水清水湾隐庐 / 海南陵水清水湾澄庐 / 舟山朱家尖度假村一期 / 海南高福小镇度假别墅＋度假公寓 / 蓝城安吉农庄 / 蓝城白沙湾度假别墅 / 郑州经开区滨水幸福家园 / 郑州和谐置业金沙湖二期南区合院 / 绿城德清观云小镇 / 绿城安吉桃花未来山别墅 / 绿城安吉桃花源桃园壹号 / 四川峨眉山天颐温泉小镇 / 重庆两江观音山小镇 / 湖南衡阳雅士林教育小镇

获奖项目

1. 温州鹿城广场一、二期：广厦奖一等奖（2014）
2. 朱家尖东沙度假村：“钱江杯”奖优秀勘察设计一等奖（2014）
3. 温州鹿城广场一期：“钱江杯”奖优秀勘察设计二等奖（2012）/ 杭州市建设工程“西湖杯”优秀勘察设计一等奖（2013）
4. 杭州西溪诚园：杭州市建设工程“西湖杯”优秀勘察设计一等奖（2013）

安吉桃花源

设计单位：浙江蓝城建筑设计有限公司

业主单位：绿城集团

设计团队：崔萨枫、赵玥、林银鹏、邵磊、

符刚、朱俞江、徐铭、沈锋强、吕存阵

项目地点：浙江省湖州市

场地面积：22 000 ㎡

建筑面积：8 492 ㎡

设计时间：2017 年

竣工时间：2017 年

总平面图

概念图

项目位于浙江省安吉县，位于安吉桃花源中心的三山两谷间，这里远离城市，被自然与宁静包围。建筑建在山脊之上，面对被精心保护的山地自然景观。建筑师在尊重地形的基础上，设计了 56 间 126~203 ㎡ "阳光围成的别墅"。它们从自然中长出，"悬浮"于山坡之上，前后通透，让景观穿透房屋，让生活就在自然中。

项目除了依山而建，还有两点不得不提的"特色"。为了最大化程度保留原生态山林地貌，设计师选择了极具挑战的建筑形态——吊脚楼形式，用 3 个钢架将建筑悬挑在坡地上，脚下的草木彼此成全。这种形式虽然带来较高的开发难度和额外成本，却充分体现出对品质和自然的敬意。

社交空间的增大使人获得了精神层面上的满足，扑面而来的山下景色让人有足够余地与自我相处。倾斜的基地与山脉的走向相垂直，周围是一片翠绿的景色，覆盖在无尽的蓝天之下，阳光明媚，草木在微风吹拂下微微颤动。建筑师试图将大自然的福祉同日常生活联系起来，通过将它们植入人的灵魂，来放大生活中的喜悦。

韦志远 1997 级

深圳市方标世纪建筑设计有限公司 总经理、设计总监
天津大学建筑学院校友会深圳分会秘书长

2002 年毕业于天津大学建筑学院，获工学学士学位
2005 年毕业于天津大学建筑学院，获工学硕士学位

2005—2009 年任职于深圳华汇设计有限公司
2009 年至今任职于深圳市方标世纪建筑设计有限公司

个人荣誉
OTIS 世界大学生建筑设计金奖（2001）

代表项目
天津万科民和巷 / 天津生态城红橡公园 / 湖北孝感湾流汇 / 深圳方标办
公室室内设计

获奖项目
中山万科柏悦湾：美居奖（2014）

壹贰美术馆主馆

设计单位：深圳市道普建筑设计有限公司
业主单位：宜昌华鹏置业有限公司

设计团队：韦志远、吴凤辉、桑文、赖少艳
项目地点：湖北省宜昌市
场地面积：1 067 ㎡
建筑面积：1 150 ㎡
设计时间：2014 年
竣工时间：2016 年

宜昌壹贰美术馆作为宜昌首个私立美术馆于 2016 年年 7 月在长江北岸的伍家岗区开放，吸引了不少市民慕名前往参观。管内收藏有重要历史文物价值的器物、名家名人的书法字画以及印章。它是伍家岗区乃至宜昌的又一个展示客厅。

壹贰美术馆分为主馆和副馆，广场前面有一条铺满石头的小道，穿过一湾水、一道墙可以看到一片竹林，后面的白色盒子便是美术馆主馆，大有"小隐隐于市"的感觉。走上两边竹林排列的斜坡，穿越时空般来到主馆的硕大的木门，映入眼帘的是明亮的"水院"。城市的喧嚣在这一刻已然洗净，心态也开始随性豁达起来，这是一个给人思考的空间："一个简单的白盒子里面有很多的空间，同时也有很多的可能，而这一切都要依赖一个人内心的选择。"这样的设计体现了道家"道生一，一生万物"的哲学思想。

壹贰美术馆副馆

设计单位：深圳市道普建筑设计有限公司
业主单位：宜昌华鹏置业有限公司

设计团队：韦志远、吴凤辉、唐谂岚、朱婧玮、唐峰
项目地点：湖北省宜昌市
场地面积：1 460 ㎡
建筑面积：1 050 ㎡
设计时间：2014 年
竣工时间：2016 年

同主馆一样，副馆的设计亦以道家思想为指导，不同的是，副馆将"阴阳鱼"的意象融入了剖面的设计之中，形成了室外－室内－室外－室内的空间关系，由中间连廊串联，围绕水院中庭，孕育出一个如同克莱因瓶一般的既是内部也是外部的哲理性空间。也正是这种交错的室内外关系，形成了副馆独特的建筑表皮。

设计师认为，对于传统的真正尊重，并非照搬传统。在这座馆的设计过程中，所有符号化与具象化的语言，都是设计师想要摒弃的。对于道学思想的领悟，最终让设计师将"道"融入了现代的工艺与材料之中，实现了对传统的致敬。万物皆由动而生，由静而笃。虽生生不息，终而无不归其本。"返璞归真，寻天、地、人者之平衡。守其静笃，即可与天地为一体，与万物为一身。"

张明宇 1997 级

天津大学建筑学院 副教授、博士生导师
天津大学建筑学院建筑技术科学研究所副所长
天津大学建筑设计规划研究总院城市照明分院副院长

2002 年毕业于天津大学建筑学院，获建筑学学士学位
2005 年毕业于天津大学建筑学院，获建筑学硕士学位
2011 年毕业于天津大学建筑学院，获工学博士学位

2005 年至今任职于天津大学建筑学院

获奖项目
1. 燕郊天洋城未来之窗夜景照明设计：中国照明学会照明工程设计奖一等奖（2016）
2. 全椒太平文化街区夜景照明设计：中国照明学会照明工程设计奖二等奖（2016）
3. 内蒙古科技馆夜景照明设计：中国照明学会照明工程设计奖一等奖（2015）
4. 天津中信城市广场首开区夜景照明设计：中国照明学会照明工程设计奖二等奖（2015）
5. 天津利顺德大饭店夜景照明设计：中国照明学会照明工程设计奖二等奖（2012）

全椒太平文化街区夜景照明设计

设计单位：天津大学建筑设计规划研究总院
业主单位：全椒县旅游局

中国照明学会照明工程设计奖二等奖（2016）

设计团队：张明宇、王立雄、宋佳音、高元鹏
项目地点：安徽省滁州市
场地面积：170 000 ㎡
建筑面积：42 922 ㎡
设计时间：2013—2014 年
竣工时间：2015 年

太平文化街区位于全椒县县城北部，以太平桥为中轴线分为南北两个地块，一条襄河穿城而过。规划现状基地内有连接新襄河两岸的太平桥、太平井和老街上一处将军故居等重要的历史遗迹。位于"走太平"轴线上的五丰楼是整个区域的视觉焦点，在整个文化街的建筑中处于最重要的地位。照明手法上采用投光的照明方式，色温上选用暖色，体现了五丰楼本身恢宏大气、庄严肃穆的建筑性格。

遵循太平桥文化街的总体规划原则以及建筑功能性质，结合旅游规划定位、案例借鉴及规划目标，本项目的规划理念是亲切、雅致、淡远和体味。朦胧中透出的一抹暖色、品位不凡的优雅灯光、叠水蛙鸣、曲径寻光，设计以人与灯光互动的方式展现灯光的悠美，杜绝炫光，处处体现人文关怀。

刘欣华 1998 级

华东建筑设计研究总院第一建筑设计事业部 总经理
第一建筑设计院院长
国家一级注册建筑师

2001 年毕业于天津大学建筑学院，获工学硕士学位

2001 年至今任职于华东建筑设计研究总院

个人荣誉
上海市建设功臣荣誉称号（2015）

代表项目
松江世茂天坑酒店 / 世茂闽侯滨江新城酒店项目 / 天津经济技术开发
区金融服务区一期

获奖项目
1. 上海科技大学新校区一期工程——生命学院：华东总院原创展评
优秀奖（2014）/ 华东总院优秀设计奖优良奖（2014）
2. 中浩云花园：全国工程勘察设计行业奖住宅与住宅小区三等奖
（2011）/ 上海优秀住宅工程小区设计二等奖（2010）
3. 世博洲际酒店：上海优秀工程设计一等奖（2011）

上海科技大学新校区工程

设计单位：华东建筑设计研究总院、美国 MRY 建筑设计事务所
业主单位：上海科技大学

设计团队：刘欣华、张弘、马进军、凌吉、苏涛
项目地点：上海市
建筑面积：700 000 ㎡
设计时间：2013 年
竣工时间：2017 年
摄影：邵锋

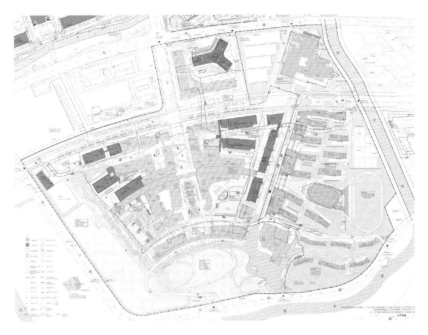

总平面图

校园总体设计以入口集中绿化为中心，沿三条轴线放射状展开，摆脱传统格局，由单一向多元化发展，创造多样空间的融合。学院区集中布置，中间穿插交流空间，不但保持了学科原有的独立性和灵活性，同时也利于各学科之间的交流，设计再结合二期产学研工程，超越了一般大学的教学功能。交通系统注重便捷性、安全性、舒适性，采用了大地下室的设计，人车分流，保证了一个基本无车、安全舒适的校内步行环境。

世博洲际酒店

设计单位：华东建筑设计研究总院
业主单位：上海世博土地控股有限公司

设计团队：翁皓、刘欣华
项目地点：上海市
建筑面积：69 000 ㎡
设计时间：2006 年
竣工时间：2009 年

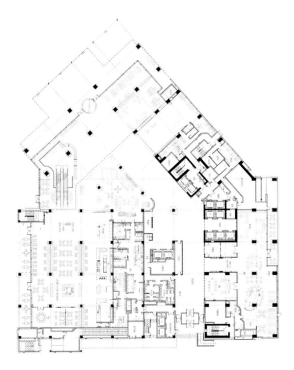

首层平面图

"世博村工程"为中国 2010 年上海世博会的重要配套工程，位于世博会场地浦东区块的东北角，为外国官方参展工作人员提供住宿和配套服务。世博洲际酒店为世博村内提供最高等级服务的建筑，同时也是世博村的标志。基地西北临黄浦江，北面近南浦大桥，位于浦江两处转折之间，景观资源丰富；基地内现有九幢 1~2 层砖混结构建筑，为区级文物保护建筑，地块南部现存丰富的原生态绿化资源。

世博洲际酒店的塔楼为迎向江景的折板设计，既与多方位景观
相呼应，又对内部绿化成环抱之势，以达成对现有保护建筑的
互动和再利用。裙房通过室外平台与退台创造观景场所，将绿
化延伸至建筑内部。

后记
POSTSCRIPT

八十载风雨悠悠育累累英华，数十年桃李拳拳谱北洋匠心，历经近一个世纪的风风雨雨，2017 年的金秋十月，迎来了天津大学建筑教育的 80 周年华诞。

天津大学建筑学院的办学历史可上溯至 1937 年创建的天津工商学院建筑系。1954 年成立天津大学建筑系，1997 年在原建筑系的基础上，成立了天津大学建筑学院。建筑学院下辖建筑学系、城乡规划系、风景园林系、环境艺术系以及建筑历史与理论研究所和建筑技术科学研究所等。学院师资队伍力量雄厚，业务素质精良，在国内外建筑界享有很高的学术声誉。几十年来，天津大学建筑学院已为国家培养了数千名优秀毕业生，遍布国家各部委及各省、市、自治区的建筑设计院、规划设计院、科研院所、高等院校和政府管理、开发建设等部门，成为各单位的业务骨干和学术中坚力量，为中国建筑事业的发展做出了突出贡献。

2017 年 6 月，天津大学建筑学院、天津大学建筑学院校友会、天津大学出版社、乙未文化决定共同编纂《北洋匠心——天津大学建筑学院校友作品集》系列丛书，回顾历史、延续传统，力求全面梳理建筑学院校友作品，将北洋建筑人近年来的工作成果向母校、向社会做一个整体的汇报及展示。

2017 年 7 月，建筑学院校友会正式开始面向全体天津大学建筑学院校友征集稿件，得到了广大校友的积极反馈和大力支持，陆续收到 130 余位校友的项目稿件，地域范围涵盖我国华北、华东、华南、西南、西北、东北乃至北美、欧洲等地区的主要城市，作品类型包含教育建筑、医疗建筑、交通建筑、商业建筑、住宅建筑、规划及景观等，且均为校友主创或主持的近十年内竣工的项目（除规划及城市设计），反映了校友们较高水平的设计构思和精湛技艺。

2017 年 9 月，彭一刚院士、张颀院长、李兴钢大师、荆子洋教授参加了现场评审，几位编委共同对校友提交的稿件进行了全面的梳理和严格的评议，同时，崔愷院士、周恺大师也提出了中肯的意见，最终确定收录了自 1977 年恢复高考后入学至今的 113 位校友的 223 个作品。

本书以校友入学年份为主线，共分为四册。在图书编写过程中，编者不断与校友沟通，核实作者信息及项目信息，几易其稿，往来邮件近千封，力求做到信息准确、内容翔实、可读性高。

本书的编纂得到了各界支持，出版费用也由校友众筹。在此，向各位投稿的校友、编委会的成员、各位审稿的校友、各位关心本书编写的校友表示衷心感谢。感谢彭一刚院士、崔愷院士对本书的关注和指导，感谢张颀院长等学院领导和老师对本书编辑工作的支持，感谢各地校友会对本书征稿工作的组织与支持，最后，感谢本书策划编辑、美编、摄影等工作人员的高效工作与辛勤付出！

掩卷感叹，经过紧锣密鼓的筹备，这套丛书终于完稿，内容之精彩让人不禁感慨于天大建筑人一代又一代的辛勤耕耘，感叹于校友们的累累硕果。由于建筑学院历届校友众多，遍布五湖四海，收录不全实为遗憾，编排不当之处在所难免，敬请各位校友谅解，并不吝指正。

最后，谨以此书献给天津大学建筑教育 80 周年华诞！愿遍布全世界的天大人携手一心，续写北洋华章，再创新的辉煌！

本书编委会

2017 年 12 月

图书在版编目（ＣＩＰ）数据

北洋匠心：天津大学建筑学院校友作品集.第二辑.1991—1998级 /
天津大学建筑学院编著 . 一天津：天津大学出版社，2018.1
（北洋设计文库）
ISBN 978-7-5618-6045-8

Ⅰ.①北… Ⅱ.①天… Ⅲ.①建筑设计—作品集一中
国一现代 Ⅳ.① TU206

中国版本图书馆 CIP 数据核字 (2018) 第 017352 号

Beiyang Jiangxin　Tianjin Daxue Jianzhu Xueyuan Xiaoyou Zuopinji
Di'erji　1991—1998Ji

图书策划 杨云婧
责任编辑 朱玉红
文字编辑 李　轲、李松昊
美术设计 许万杰、高婧祎
图文制作 天津天大乙未文化传播有限公司
编辑邮箱 yiweiculture@126.com
编辑热线 188-1256-3303

出版发行　天津大学出版社
地　　址　天津市卫津路 92 号天津大学内（邮编：300072）
电　　话　发行部 022-27403647
网　　址　publish.tju.edu.cn
印　　刷　深圳市汇亿丰印刷科技有限公司
经　　销　全国各地新华书店
开　　本　185mm×250mm
印　　张　17
字　　数　122 千
版　　次　2019 年 1 月第 1 版
印　　次　2019 年 1 月第 1 次
定　　价　298.00 元